Pietro Archiati · Die Überwindung des Rassismus

PIETRO ARCHIATI

Die Überwindung des Rassismus durch die Geisteswissenschaft Rudolf Steiners

VERLAG AM GOETHEANUM

Einbandgestaltung von Gabriela de Carvalho

Satz: Heiko Hanekop
Herstellung: Freiburger Graphische Betriebe
ISBN 3-7235-0999-1

Inhalt

Vorwort des Herausgebers

Die medienwirksamsten Verleumdungen Rudolf Steiners und der Anthroposophie erfolgten 1997 durch den Rassismusvorwurf. Bestimmte, aus dem Zusammenhang gerissene, unverstandene oder bewußt mißverstandene Aussagen über Rassen und Völker wurden benutzt, um das Ansehen der Geisteswissenschaft zu verwüsten.

Oberflächliche «Kenner» der Anthroposophie wurden durch diese Kampagne verunsichert und meinten, Rudolf Steiner rechtfertigen zu müssen. Dieser Meinung war und ist Pietro Archiati nicht. Für ihn ist Rassismus kein theoretisches Problem. Als katholischer Ordenspriester und Dozent in den USA, in Laos und Südafrika lebte er viele Jahre zusammen mit Menschen anderer Kulturen und Hautfarben. In den vorliegenden Ausführungen schildert er, warum er in Rudolf Steiner den wirklichen Überwinder des Rassismus sieht – insbesondere des gefährlichsten aller Rassismen, des «Rassismus in uns».

«Das wahre Problem des Rassismus ist der neuzeitliche Materialismus. Die Haltung, welche die Menschen nach Leibeseigenschaften einteilt, entspringt der Überzeugung, daß der Leib das Wichtigste, wenn nicht sogar das Wesentliche am Menschen ist. Die letzte Konsequenz des Materialismus ist die Identifizierung des Menschen mit seiner Leiblichkeit. Die Konsequenz dieser Identifizierung ist der Rassismus.» (Seite 13)

Der Autor hat diese Schrift, wie auch die von ihm schon veröffentlichten, auf Anregung des Verlags geschrieben. Seine gründliche Kenntnis der Geisteswissenschaft Rudolf Steiners im Zusammenhang mit seinem gesamten Lebensgang erlauben es ihm, über den Rassismus weniger aus der Theorie als aus der Lebenserfahrung heraus zu sprechen.

Der Verlag am Goetheanum hat deshalb diesen Autor um einen Text gefragt, der vier Bedingungen erfüllt, welche nicht leicht in Einklang miteinander zu bringen sind: das Thema soll umfassend behandelt sein, aber der Text darf nicht zu lang werden; die Erörterungen sollen auf die tieferliegenden Grundlagen eingehen, aber zugleich allgemein zugänglich sein und keine besonderen Kenntnisse voraussetzen. Der Leser wird selbst beurteilen können, inwieweit diese Bedingungen erfüllt wurden.

Möge diese Schrift nicht nur die verunsicherte Elternschaft der Waldorfschulen, sondern auch eine breitere Öffentlichkeit erreichen, die sich durch diese Ausführungen davon überzeugen wird, wie wenig bekannt, ja wie verkannt Rudolf Steiner in der heutigen Kultur noch ist.

Joseph Morel

Lieber Leser

Diese Zeilen entstammen dem Leben und möchten dem Leben dienen.

In einer Zeit, in der die Menschheit die Geisteswissenschaft Rudolf Steiners dringend braucht als Orientierungshilfe, um aus der Sackgasse des Materialismus herauszufinden, wird Rudolf Steiner von den Mächten dieser Welt weiterhin entweder totgeschwiegen oder verleumdet.

Zu den Verleumdungen gehört der Rassismusvorwurf. Mit diesen Zeilen will ich Rudolf Steiner nicht «rechtfertigen». Wenn er eine wirkliche Rechtfertigung brauchte, würde ich diese Seiten nicht schreiben. Ich stelle es mir zur Aufgabe, die grundlegenden Gedanken seiner Geisteswissenschaft über die Entwicklung von Mensch und Erde mit besonderer Berücksichtigung der Rassen- und Völkerentwicklung darzustellen. Denn erst in diesem erweiterten Zusammenhang bekommen seine Aussagen über Rassen oder Völker ihren sachgemäßen Sinn.

Es würde mich sehr freuen, wenn diese Seiten möglichst vielen Menschen helfen könnten, einen Eindruck von der einmaligen Universalität und Tiefe der Geisteswissenschaft Rudolf Steiners zu bekommen und dadurch auch zu sehen, wie durch sie jede Art von Rassismus oder Diskriminierung restlos überwunden werden kann. Ich hege meinerseits keinen Zweifel daran, daß die geistige Zukunft der Menschheit wesentlich von der Auseinandersetzung mit diesem Impuls abhängt.

Pietro Archiati

Die Überwindung des Rassismus durch die Geisteswissenschaft Rudolf Steiners

Aus meinem Leben

Die Frage des Rassismus ist für mich keine bloße Theorie. Mein ganzes Leben hat damit zu tun gehabt. So entstammen diese Seiten dem eigenen Ringen mit der ganzen Menschheit in ihrer Vielfalt und in ihrer Einheit.

Die Universitätsjahre habe ich in einem internationalen Haus verbracht. Unter den Studenten waren alle Hautfarben vertreten, viele Völker und Länder, die unterschiedlichsten Kulturen und Rassen. Jeder mußte mehr als eine Sprache beherrschen, um kommunizieren zu können. Ein Rassebewußtsein war bei mir aber damals kaum vorhanden. Die Bauernfamilie, in der ich geboren wurde, war tief religiös und christlich. Von zu Hause wußte ich: Mensch ist Mensch. Die Hautfarbe spielt dabei keine Rolle. (Dieser letzte Satz wurde nicht ausgesprochen, denn das Selbstverständliche braucht nicht extra beteuert zu werden.)

Ich unterbrach mein Studium und weilte während der schwierigsten Jahre des Vietnamkrieges in Laos. Ich war dankbar für die direkte Bekanntschaft mit anderen Kulturen, mit anderen Religionen – besonders mit dem Buddhismus. Die älteren Missionare waren unzufrieden mit mir, weil ich nicht die dortigen Menschen von der «falschen» zur «wahren» Religion bekehren wollte und mich statt dessen für ihre Religion sehr interessierte. Niemals dämmerte es mir dabei, daß ich es mit einer anderen «Rasse» – der «gelben» beispielsweise – zu tun hatte. Auch trug ich in mir die Überzeugung, daß eine Religion nicht wie ein äußeres Kleid ist, das man beliebig im «Handumdrehen» wechseln kann. Ich dachte, daß sie mit zur «biologischen» Konstitution eines Volkes oder einer Kultur gehört. Man kann sie nie einfach «austauschen»; sie läßt sich nur allmählich weiterentwickeln und verwandeln.

Nach beendetem Studium war ich in den USA tätig. Während des Studiums hatte ich viele Amerikaner kennengelernt, jetzt lernte ich «Amerika» kennen. Eine «neue Welt» ging mir auf. Ich wohnte wenige Autominuten von Manhattan entfernt. Der «melting pot», der Schmelztiegel, war täglich zu erleben, was für mich bedeutete: Menschen, Menschen und wieder andere Menschen. Die Unterschiede waren für mich Anlaß zur Freude, zum Dazulernen, zur Erweiterung der eigenen Horizonte.

Ende 1976 wurde ich Einsiedler am Comersee. Von New York, das von Menschen nur so wimmelt, in die Einsamkeit: eine ganz neue Art, mit den Menschen zu sein, denn jetzt konnte ich sie mehr in mir selbst erleben, nicht nur außerhalb. In dieser Zeit «entdeckte» ich Rudolf Steiner – «zufällig», durch die Lektüre. Diesen Namen hatte ich vorher – ich war im 33. Lebensjahr – nie gehört oder gelesen.

Ab 1981 war ich fünf Jahre in Südafrika tätig. Ich lehrte Philosophie und Theologie an einer katholischen Hochschule, die zum Priesteramt ausbildete. Im Hause hatten wir eine «Miniaturausgabe» der südafrikanischen Gesellschaft: die verschiedenen Stämme der Schwarzen, Mischlinge, Inder, Buren, Engländer, Deutsche ...

In Südafrika wurde die Rassenfrage auch für mich zur Frage. Ich sah mich plötzlich in die Rolle des «Weißen» gewiesen und wollte diese Rolle nicht spielen. Ich hätte zum Beispiel so gerne an den Versammlungen der Schwarzen teilgenommen, durfte aber nicht, weil meine Hautfarbe nicht paßte ...

Vor dem Hintergrund dieses Lebenslaufes will ich im folgenden zu schildern versuchen, warum ich in Rudolf Steiner den einzigen, *wirklichen* Überwinder des Rassismus gefunden habe.

Sind alle Menschen gleich, oder sind manche besser?

Das wahre Problem des Rassismus ist der neuzeitliche Materialismus. Die Haltung, welche die Menschen nach Leibeseigenschaften einteilt, entspringt der Überzeugung, daß der Leib das Wichtigste, wenn nicht sogar das Wesentliche am Menschen ist. Die letzte Konsequenz des Materialismus ist die Identifizierung des Menschen mit seiner Leiblichkeit. Die Konsequenz dieser Identifizierung ist der Rassismus. Alle Aussagen über die Eigenschaften des Leiblichen werden auf diese Weise als Aussagen über den Menschen schlechthin aufgefaßt und erlebt.

Das Wesen des Materialismus liegt nicht in der theoretischen Überbewertung der materiellen Welt, auch nicht in der ideologischen Verneinung oder Geringschätzung des Geistigen. Beides ist Folge eines viel Tieferen, das in der fast völligen Unfähigkeit des heutigen Menschen liegt, das rein

Geistige als wesenhafte Wirklichkeit real zu erfahren und zu erleben.

Durch Jahrzehnte hindurch bin ich in meinem Leben mit zwei entgegengesetzten kulturellen Strömungen konfrontiert worden: mit der modernen Naturwissenschaft und mit der althergebrachten Religion. Die konsequenten Vertreter der ersten betrachten den sogenannten Geist als Funktion der Materie. Die zweite müßte, wenn sie ehrlich ist, die Materie als vorübergehende, unwesenhafte Erscheinungsform des Geistes ansehen.

Der Geist, von dem die Religion seit jeher redet, ist in den letzten Jahrhunderten, wie angedeutet, immer mehr zur inhaltsleeren Abstraktion geworden, weil er immer weniger als reale Wirklichkeit erlebt wurde. Übrig blieb nur die Theorie über den Geist, nur die verbale Beteuerung seiner Realität. Aussagen über das Übersinnliche, die für eine ältere Menschheit reale Erfahrungen wiedergaben, wurden von einer späteren Menschheit übernommen, welche die reale Erfahrung nicht mehr hat. Hier liegt der Ursprung aller Abstraktion.

Und gerade hier zeigt sich die tragische Sackgasse des heutigen Materialismus. Wenn Aussagen über Eigenschaften der Leiblichkeit als Aussagen *über den Menschen* schlechthin gemeint und erlebt werden müssen – weil der Leib als das einzig Reale am Menschen gesehen wird –, so bleiben nur zwei Möglichkeiten übrig: entweder wird versucht, die «Gleichheit» aller Menschen dadurch zu retten, daß die objektiv bestehenden und bedeutungsvollen Unterschiedlichkeiten der Leibesarten möglichst heruntergespielt, wenn nicht sogar hinweggeleugnet werden, oder man teilt die Menschen – nicht nur die Leibesarten –

in Rassen, und dann kann man dem Rassismus nicht entrinnen.

Die erste Haltung, die ich zum Beispiel vom Katholizismus der Linken oft vehement vertreten fand, empfand ich im Grunde genommen als Heuchelei. Eine Theologie, die sogar bei der modernen, materialistischen Naturwissenschaft zunehmend ihre Legitimation suchte, wollte zugleich nachweisen, daß der Körper, der in der Wissenschaft das Wichtigste am Menschen ist, eine Nebensache sein soll. Nur so können viele heutige Theologen die Behauptung ernst meinen, daß alle Menschen absolut gleich seien – in dem Sinne, daß die leiblichen Unterschiede keine besondere Bedeutung haben.

Der Materialismus als Wurzel allen Rassismus

Zwei grundlegende Tatsachen sind es hauptsächlich, die mich dazu bewegen, die Geisteswissenschaft Rudolf Steiners als den einzigen Impuls in der modernen Menschheit zu betrachten, der eine reale Überwindung jeder diskriminierenden oder rassistischen Haltung ermöglicht.

Die erste ist die Möglichkeit, die durch sie entsteht, real den Materialismus zu überwinden und aufzuhören, den Menschen mit seiner Leiblichkeit zu identifizieren. Die zweite ist die Wiedergewinnung des Bewußtseins der Wiederverkörperung des Menschengeistes, wodurch der jetzige Leib, den ein Mensch trägt, als einer unter den vielen gesehen wird, die er sich im Laufe seiner Entwicklung aufbaut. Ich möchte etwas näher auf beide Tatsachen eingehen.

Der Materialismus ist in der Tat der tiefere Ursprung jeder Art von Diskriminierung und von Rassismus. Es ist dringend nötig, daß immer mehr Menschen einsehen, wie unmöglich es ist, den Rassismus zu überwinden, solange der Mensch sich mit seiner Leiblichkeit identifiziert! Solange jede Aussage über die Leiblichkeit als Aussage über den Menschen als solchen verstanden und erlebt wird, wird es Rassismus geben von allen Rassen zu allen Rassen: Jeder wird alles tun wollen, um zu beweisen, daß seine Leiblichkeit die bessere und vorzüglichere ist, um damit die eigenen Vorzüge als Mensch nachzuweisen.

Die Geisteswissenschaft Rudolf Steiners will dagegen Ernst machen mit der Grundtatsache, daß jeder Mensch ein seelisch-geistiges Wesen *ist* und daß er einen Leib *hat*. Sie betont aber gleichzeitig, daß der Materialismus gerade in der objektiven, sogar entwicklungsnotwendigen Tatsache besteht, daß der heutige Mensch sich kaum noch als Geist erfährt. Die Rückwirkungen der Leiblichkeit auf seine seelische und geistige Selbsterfahrung sind in den letzten Jahrhunderten so stark geworden, daß er täglich die Ohnmacht seines Geistes der Natur gegenüber erlebt. Dieser «Materialismus» ist keine falsche Theorie, sondern eine schwerwiegende Wirklichkeit. Es geht nicht darum, diesen Materialismus logisch zu widerlegen, sondern ihn real zu überwinden. Dies kann nur jeder selbst tun. Der erste notwendige Schritt zu dieser Überwindung ist die Bewußtwerdung seiner tragischen Wirklichkeit und seiner entscheidenden Rolle für jede diskriminierende oder rassistische Haltung.

Wie ist es zum Beispiel für uns alle selbstverständlich geworden, von einem Menschen zu sagen, daß er ein Engländer, ein Franzose, ein Italiener ist. Wir sagen nicht, daß er in England oder in Frankreich geboren oder aufgewachsen ist, wir sagen: Er *ist* Engländer, er *ist* Franzose. Aber das eigentliche Wesen des Menschen – der Geist, das Ich – kann weder «englisch» noch «französisch» sein. Deutlicher noch wird dies, wenn wir von schwarzen oder weißen Menschen oder einfach von Schwarzen oder Weißen sprechen. Wer von uns bedenkt dabei, daß ein Menschen*geist* – und das ist der Mensch! – weder weiß noch schwarz sein kann! Es ist das *Haus* eines Menschen, sein *Leib*, was schwarz oder weiß ist, nicht aber der Mensch selbst.

Solange die Menschheit in dieser Bewußtseinslage des Materialismus verharrt, *sind alle Menschen im Grunde genommen Rassisten*, und zwar unvermeidbar. Und wer denkt, es nicht zu sein, ist vielleicht nur nicht ehrlich genug, es sich selbst zu gestehen.

Die Wiederverkörperung und die Rassenfrage

Die andere Tatsache, deren Bewußtwerdung für die Überwindung des Rassismus entscheidend wirkt, ist die Wiederverkörperung des Ich eines jeden Menschen. Jeder Mensch verkörpert sich nacheinander im Laufe seiner Entwicklung in verschiedene Rassen oder Völker. In dieser Perspektive ist der jetzige Leib eines Menschen nicht nur seine Hülle, sondern *eine* Hülle unter vielen, die er sich im Laufe seiner Entwicklung aufbaut. Die ihm diesmal fremde Leibesart hat er selber in der Vergangenheit getragen oder wird er in der Zukunft noch tragen können. In dem Maße, in dem er sich dies bewußt macht, hört sie immer mehr auf, ihm fremd zu sein.

Wenn die Überzeugung von der Wiederverkörperung keine bloße, abstrakte Theorie bleibt, sondern zur Lebenspraxis und zur innersten Herzenshaltung wird, wird es unmöglich sein, irgendeinen Menschen mit seiner *diesmaligen* Leiblichkeit gleichzusetzen. Die Begegnung zwischen zwei Menschen wird nie mehr eine Begegnung zwischen «Fremden» sein, sondern zwischen zwei ewigen Individualitäten, die in der Leiblichkeit des anderen die eigene Vergangenheit oder Zukunft erblicken.

Die Geisteswissenschaft Rudolf Steiners nimmt auf diese Weise eine mittlere Stellung ein zwischen Naturwissenschaft – für die der Leib das Wesentliche ist – und herkömmlicher Religion und Theologie, die oft dazu tendieren, den Leib als ganz unwichtig anzusehen. Den Leib betrachtet die Religion als die Hülle des Menschen, nicht als sein Wesen – insoweit hat sie recht. Andererseits ist die Wechselwirkung mit der Leiblichkeit – mit allem Sprachlich-Kulturellen und Klimatisch-Geographischen, das dazugehört – jeweils von größter Bedeutung für die Entwicklung von Seele und Geist. Hier muß man der Naturwissenschaft recht geben. Nur dadurch, daß wir das Berechtigte in *beiden* bejahen und berücksichtigen, vermeiden wir das Einseitige einer jeden.

Wenn der Mensch nicht zur Freiheit berufen wäre, hätten nach Rudolf Steiner alle Menschen auf gleiche Weise verschiedene Leibesformen – verschiedene *Rassen* – nacheinander sich aufgebaut und bewohnt, um die jeweils unterschiedlichen Selbsterfahrungen zu machen, die durch diese Leibesarten ermöglicht werden. Jede von allen Menschen auf gleiche Weise und gleichzeitig erlebte Leibesart wäre in der Folge restlos ausgestorben, um der nächsten Platz zu machen. Um aber *Freiheit* entstehen zu lassen, mußte zugleich die Möglichkeit gegeben werden, mit unterschiedlichem Tempo sich zu entwickeln. Dies aber bedeutet, daß jeweils nicht nur eine einzige Leibesart und eine einzige Entwicklungsstufe für alle gleich sein konnte. Die Leibesarten durften nicht nur nacheinander entstehen und vergehen, sondern auch nebeneinander fortbestehen. Um das Langsamere zu ermöglichen, mußte die vorige Leibesstufe neben der neuen bewahrt bleiben (siehe Anhang).

Die Differenzierung der *Leibesarten* – die Entstehung der Rassen und ihr Fortbestehen nebeneinander – war also das Werk göttlicher Wesen, die dadurch die Freiheit der Menschen ermöglichen wollten.

Eine zweite Grundart der Differenzierung wurde dann im *Seelischen* geschaffen, wo der Mensch sich aufgrund von Volkszugehörigkeit, Sprache und Kultur als eingebettet in einem Gruppenseelenhaften erlebte, getragen von einem Gemeinschaftlichen, das sich in Sitten, Gebräuchen und Gesetzen auslebte.

So wie die *Rasse* das Urphänomen der Differenzierungen des Leiblichen darstellt, so ist das *Volk* das Urphänomen für differenzierte seelische Erlebnisse in der Menschheit. In der nachsintflutlichen Zeit lösten Völker einander ab in der kulturellen Führung der Menschheit: das indische, das persische, das ägyptisch-chaldäische, das hebräische, das griechische und das römische Volk. Auch hier gibt es nicht ein einheitliches Nacheinander ohne Freiheit, sondern vielfach die Möglichkeit des Fortbestehens des Früheren neben dem Späteren.

Die Entwicklungsstufen des Leiblichen – Rasse – und des Seelischen – Volk – sind die zweifache notwendige Grundlage und Bedingung für das Auftreten der dritten, wo jeder Mensch sich als einzigartige Individualität – als Geist, als *Ich* – erlebt. Rasse und Volk machen die individuelle Freiheit zwar möglich, aber noch nicht wirklich. Erst die freie, ichhafte Stellungnahme von Seiten des einzelnen Individuums dem Rassen- und Volkselement gegenüber ist die wahre Ausübung und Verwirklichung der individuellen Freiheit.

Dies bedeutet zugleich: Jeder Mensch wacht auf als Individuum *inmitten* einer schon göttlich vollzogenen Differenzierung der Menschheit in Rassen und Völker. Er ist nicht verantwortlich für ihr Entstehen oder Bestehen, wohl aber für die Art und Weise, wie er sich ihnen gegenüber verhält und ihre weitere Entwicklung in seine Hand nimmt, in der freien Fortführung des Wirkens göttlicher Wesen.

Die Rassen- und Volkszugehörigkeit wird als wesentlich und für die eigene Selbsterfahrung ursächlich nur in dem Maße erlebt, in dem der einzelne das freie Schaffen des Individuellen, welches über Rassen- und Volkseigenschaften hinausgeht, *versäumt.* Wo diese dritte Dimension des Menschlichen, das ganz Individuelle und Schöpferische, hervorgebracht wird, wo wahrer «ethischer Individualismus» geübt wird, hören die Rassen- oder Volkseigenheiten auf, die führende oder ursächliche Rolle zu spielen, und werden zu Dienern des Menschen-Ich gemacht. Wenn dies geschieht, spielen die Unterschiedlichkeiten als solche zwischen Rassen oder Völkern weniger eine Rolle, weil sie alle *auf ganz ähnliche Weise* von den Individuen aller Rassen und Völker zur Grundlage und Bedingung für die Schaffung des rein Individuellen und Freiheitlichen gemacht werden.

Nur so können wir die folgenden Worte Rudolf Steiners erklären, die mit absoluter Selbstverständlichkeit die Rassen- und Volksunterschiede als «Kleinigkeiten» hinstellen, die gerade dazu da sind, um die Einheit und Gleichheit aller Menschen zu unterstreichen. Diese Worte gehören zu den sehr zahlreichen, die von denen verschwiegen werden müssen, die Rudolf Steiner als Rassisten hinstellen möchten. «Mit Ausnahme der viel geringeren Differenzierung[en], welche durch Rassenunterschiede, Volksunterschiede und dergleichen hervortreten, die aber eben als Differenzierung eine Kleinigkeit sind – wenn man nur ein Organ dafür hat, muß man das wissen – gegenüber der Differenzierung durch individuelle Begabungen und Fähigkeiten, mit Ausnahme davon sind wir mit Bezug auf unsere äußere physische Menschlichkeit, durch die wir als Mensch den Menschen gegenübertreten, durch die wir Rechtsimpulse, Sittenimpulse ausbilden, als Menschen gleich. Wir sind als Menschen gleich, hier in der physischen Welt, gerade durch die Gleichheit unserer menschlichen Gestalt, einfach durch die Tatsache, daß wir alle Menschenantlitz tragen.» (Vortrag vom 23. April 1919, GA 192.)

Stellungnahme aus der Emotion oder aus dem Karma heraus

Die Stellungnahme jedes einzelnen dem Leiblichen und Seelischen – der Rasse und dem Volk – gegenüber ist eine freie, weil sie auf zweifache Weise erfolgen kann. Der Mensch kann sich durch die Haltung des Materialismus mit der eigenen Leiblichkeit und mit dem eigenen Volk identifizieren und ihre Vorzüge sich selbst zugute schreiben. Hierin liegt das wahre Wesen jedes Rassismus – und jedes Nationalismus. Diese Haltung entspringt einer Täuschung, die aufgrund des Egoismus entsteht, den jeder Mensch in sich trägt und überwinden muß.

Aufgrund des eingeborenen Egoismus will der Mensch *sich* zuschreiben, was die Natur ihm als Entwicklungsgrundlage zur Verfügung gestellt hat. Indem er sich damit identifiziert und darauf als auf einen angeborenen Vorzug pocht, versäumt er es, die Aufgabe zu erfüllen, die ihm Rasse und Volk auferlegen. Er rühmt sich dessen, was er *ist* – von Natur aus ist –, und sieht nicht ein, daß die Würde und die Freiheit des Menschen in dem besteht, was er aus seinen leiblichen und kulturellen Grundlagen erst selber macht. Nicht in dem, was ein Mensch von Natur aus ist, liegt sein Wert und seine Würde, sondern in dem, was er *wird*. Dieses Werden kann nur ein freiheitliches und individuelles sein. Ein Mensch, der in dem aufgeht, was die Natur in ihm ist, verleugnet den wahren Menschen in sich.

Die andere Grundmöglichkeit zur freien Stellungnahme dem Leiblichen und Seelischen gegenüber – dem eigenen oder dem des anderen – besteht nach Rudolf Steiner darin, daß man beides als göttliche Gabe im Sinne einer Aufgabe der individuellen Freiheit für das Wohl der ganzen Menschheit auffaßt. Die Unterschiedlichkeiten der Leibesverfassung werden hier gerade deshalb nicht übersehen oder gering geschätzt, weil sie unterschiedliche, aber gleich notwendige Aufgaben der Menschenfreiheit und der Entwicklung darstellen.

So unterscheidet Rudolf Steiner scharf voneinander zwei entgegengesetzte Arten der Stellungnahme dem eigenen Volk und der eigenen Rasse gegenüber. Die eine geschieht, wie er sich ausdrückt, «aus dem Blut» oder «aus der Emotion heraus», die andere «aus dem Karma heraus», das heißt aus der Bewußtwerdung der karmischen, menschheitlichen Entwicklungsaufgabe, die in der Zugehörigkeit zu einer Rasse oder einem Volke liegt. Er sieht sogar die notwendige kulturelle Aufgabe seiner Geisteswissenschaft in der heutigen Menschheit unter anderem darin, daß sie jedem Menschen helfe, von der ersten zur zweiten Haltung hinzufinden.

Was Rudolf Steiner im folgenden über die Beziehung zum eigenen Volk sagt, gilt nicht minder für die Beziehung zur Leiblichkeit insgesamt: «Viel bewußter lebt der Mensch in all dem, was an Menschlichkeit, ohne Unterschied der Nation in ihm lebt. Daher wird auch das Pathos, die Leidenschaft, der Affekt, mit dem sich der Mensch einer Nationalität angehörig fühlt, mit einer gewissen elementaren Kraft hervortreten. Der Mensch wird nicht versuchen, logische Gründe oder Urteile geltend zu machen, wenn es sich für ihn darum handelt, seine Zusammengehörigkeit mit seiner Nationalität zu bestimmen oder zu empfinden. Das Blut und das Herz, das unter dem Einflusse des Blutes steht, bringt den Menschen mit seiner Nationalität zusammen, läßt ihn in der Nationalität drinnen leben. Die Impulse, die da in Betracht kommen, sind unterbewußt, und es ist schon viel gewonnen, wenn man sich dieses unterbewußten Charakters bewußt ist. (...) Während also der Nichtgeisteswissenschafter sich nur die Antwort geben kann: Durch mein Blut hänge ich mit meiner Nationalität zusammen, durch mein Blut verteidige ich dasjenige, was in der Nation lebt, durch mein Blut fühle ich die Verpflichtung, mich zu identifizieren mit meiner Nationalität, muß der Geisteswissenschafter sich die andere Antwort geben: Durch mein Karma bin ich mit der Nationalität verbunden, denn es ist ein Teil des Karma. – Sobald man Karmabegriffe einführt, vergeistigt man allerdings das gesamte Verhältnis. Und während der Nichtgeisteswissenschafter für alles das, was er als Angehöriger eines bestimmten Volkes tut, das Pathos, die Impulsivität, das Blut aufrufen wird, wird derjenige, der die geisteswissenschaftliche Entwickelung durchgemacht hat, sich durch das Karma verbunden fühlen mit diesem oder jenem Volkstum.» (Vortrag vom 7. Januar 1917, GA 174.)

Das Zeitgemäße in der Perspektive der Entwicklung

Die Frage der verschiedenen Rassen und Völker in der Menschheit kann nur im Zusammenhang mit der umfassenderen *Frage der Entwicklung* von Menschheit und Erde fruchtbar erörtert werden. Nur in diesem Zusammenhang dürfen die Äußerungen Rudolf Steiners gesehen werden, die sich auf die Leibesformen in ihren Unterschiedlichkeiten beziehen.

Eine Entwicklung, welche das Entstehen der menschlichen Freiheit ermöglichen will, muß jede Konstellation von Bedingungen nur einmal in der gleichen Form dem Menschen anbieten, um auch das Versäumen möglich zu machen, ohne das die Freiheit nicht ausgeübt werden könnte. Auf diese Weise entsteht «lineare» Geschichte, wo alles nur einmal geschieht. Wenn aber in der Entwicklung zur und in der Freiheit immer Neues entstehen muß, so ist jeweils entscheidend dasjenige, was Rudolf Steiner ganz schlicht *«das Zeitgemäße»* nennt. Wenn das schöpferische Entstehenlassen immer neuer Welten als das spezifisch Menschliche keine bloße naturnotwendige Wiederholung des Gleichen erlaubt, so muß zu jeder Zeit gefragt werden, was das Neue und Zeitgemäße und was das Unzeitgemäße ist. Die Schöpfung des Neuen – wozu auch die Neugestaltung des Alten gehört – ist das Wesen der menschlichen Freiheit. Durch das Versäumen der Entwicklungsmöglichkeiten der Freiheit entsteht das Zurückbleiben. Ein Altes wird über die gebührende Zeit hinaus bewahrt, so daß dem Neuen die notwendigen Hindernisse und Widerstände geboten werden. Auch das «Zurückbleiben» bekommt auf diese Weise einen positiven Sinn im Gesamtzusammenhang der Entwicklung.

Wie weiß man nun aber, was in einer gewissen Zeit das Zeitgemäße ist? Ist das Zeitgemäße etwas Objektives, daher Allgemeingültiges, und gibt es Kriterien, um es zu erkennen? Von dieser Frage hängt wiederum die andere ab: Wenn es ein objektiv Zeitgemäßes gibt – welche Art der Leiblichkeit bietet mehr und welche bietet weniger Widerstände für sein Entstehen? Beide Fragen müssen zurückgeführt werden auf eine dritte, noch grundlegendere: Gibt es überhaupt ein allgemeingültiges Kriterium des Menschlichen? Kann man von der Natur des Menschen als solcher sprechen als von einem Objektiv-Normativen der Entwicklung? Und wenn es eine gibt, ist sie überhaupt erkennbar und kommunizierbar?

Der neuzeitliche Relativismus und Agnostizismus, das heißt die Überzeugung, daß es keine objektive oder allgemeingültige Wahrheit gibt, möchte gerne auf all diese Fragen mit «Nein» antworten und jeden als naiv oder dogmatisch hinstellen, der behauptet, daß die Menschennatur eine objektive und erkennbare Wirklichkeit ist. Aber nein zu sagen ist leichter, als ja zu sagen: Da wird einem sowohl das Ringen um Erkenntnis erspart – weil von vornherein, das heißt dogmatisch als vergebliche Mühe hingestellt – als auch die moralische Verantwortlichkeit, weil es von vornherein heißt, daß es keine moralisch bindende Menschennatur gibt und kein objektives «Gutes» oder «Zeitgemäßes», dem gegenüber man die Sünde des Versäumens begehen könnte. Gerade in dieser zweifachen Verneinung zeigen sich urphänomenal sowohl die geistige Armut als auch der intolerante Machtanspruch des heutigen Materialismus.

Das Zeitgemäße: ein objektiv Gutes?

Rudolf Steiner versteht seine Geisteswissenschaft gerade als die moderne Form der Überwindung des Agnostizismus und des Relativismus. Die Menschennatur wird als etwas Objektives und Erkennbares angesehen. Der Begriff des Zeitgemäßen wird mit Inhalt gefüllt und wird für unsere Zeit als Aufgabe der menschlichen Freiheit gesehen.

Nachdem in der Vergangenheit, dank der göttlichen Führung, die leiblichen und seelischen Grundlagen der Entwicklung geschaffen worden sind – *daß* sie geschaffen wurden, ersehen wir aus dem Vorhandensein der Rassen und Völker in der Menschheit –, geht es in der Gegenwart und in der Zukunft zunehmend um die dritte Dimension des Menschlichen: um das Individuelle, um das Geistige im Menschen, um das Ich. Es liegt in der Natur dieses Geistig-Individuellen, daß für seine Entfaltung das Hinzukommen der menschlichen Freiheit maßgebend ist.

Jeder Mensch, der sich richtig versteht, kann all dies einsehen und als objektiv bejahen. Der Lebensgang eines jeden Menschen wiederholt im kleinen die menschheitliche Entwicklung. Es werden zunächst leibliche und seelische Grundlagen geschaffen, um das Individuelle und Freiheitliche möglich zu machen.

Zeitgemäß ist demzufolge in der heutigen Menschheit alles dasjenige, was die geistige, verantwortungsvolle Autonomie eines jeden individuellen Menschen fördert. Zeitgemäß ist alles dasjenige, was jedem Menschen dazu verhilft, sich als freien Geist zu erleben, als individuelles und geistig schöpferisches Ich, das etwas Einmaliges in die Menschheitsgemeinschaft hineinzubringen hat, und die moralische Verantwortung für dieses Einmalige zu übernehmen.

Die Tatsache, daß wir erst am Anfang dieser dritten großen Stufe der Entwicklung stehen, zeigt, daß diese Stufe auf die Zukunft hin weist. Die größeren Verhängnisse der letzten Zeit kommen daher, daß die Mächte immer noch zu stark sind, die aus den Mechanismen der Vergangenheit heraus den Menschen befangen halten wollen in einem Gruppenhaften – sei es Rasse oder Volk oder welche Gruppierung auch immer –, um ihn für ihre Zwecke gefügig, das heißt mit der Gruppe solidarisch zu halten.

Für die Rassenfrage heißt dies wiederum, daß eine gewisse Leibeskonstitution mehr oder weniger zeitgemäß ist, je nachdem, ob sie die Ausgestaltung des freien Ich jedes Menschen mehr hindert oder mehr fördert. Dies im einzelnen festzustellen, wird alles andere als leicht sein, denn jede Leibesart ist unendlichfach in ihren Eigenschaften.

Aber diese Aussage über die leibliche Beschaffenheit darf wiederum *nicht* als Aussage über den Menschen schlechthin genommen werden, der eine gewisse Leiblichkeit bewohnt. Der eine Mensch kann das Zeitgemäße versäumen gerade wegen einer Leiblichkeit, die ihm die Aufgabe zu leicht macht. Ein anderer Mensch kann mehr als der erste das Zeitgemäße verwirklichen, gerade dank dem stärkeren Ringen mit einer Leiblichkeit, die mehr Widerstände bietet.

Jedes Menschen-Ich inkarniert sich mit der Absicht, sich so viel, wie ihm nur möglich ist, vom Zeitgemäßen auf individuelle Weise anzueignen, je nach seiner Entwicklungsstufe. Jedes höhere Ich trägt heute in sich den Willen, so viel wie möglich die geistige Individualität – jenseits von Rasse und Volk – zur Ausprägung zu bringen, in welche Rasse und in welches Volk auch immer es sich inkarniert hat.

Diese Individualisierung ist gerade das Kriterium, das es uns ermöglicht, Volk von Volk zu unterscheiden. Jedes Volk wird immer unzeitgemäßer, welches entindividualisierend auf den einzelnen Menschen einwirkt, indem es sich zum allein Wichtigen macht und das Individuum nur als Mittel für seine Zwecke betrachtet. Jedes Volk wirkt dagegen zeitgemäß in dem Maße, wie es auf das Individuum so einwirkt, daß dieses sich als Ziel und Vollendung der ganzen Entwicklung betrachtet. So wie in bezug auf die Rassen der *Rassismus*, so wird in bezug auf die Völker der *Nationalismus* zum Prüfstein des Zeitgemäßen.

Jeder Mensch eine Art für sich

Wenn der Mensch nicht in sich die Anlage zum ganz Individuellen trüge, wäre er wie das Tier. Er würde restlos aufgehen in der «Menschenart», ohne jede Möglichkeit oder Fähigkeit, ihr gegenüber irgendwie Distanz zu gewinnen und Stellung zu nehmen. Die einzelne Katze kann nicht im geringsten als einzelne Katze über die «Katzenart» nachdenken und dieser gegenüber Distanz gewinnen und Stellung nehmen. Sie geht restlos in ihr auf. Nichts ist bei ihr individuell. Die Differenzierungen, die im Verhalten verschiedener Katzen vorkommen, bleiben dem Wesen völlig äußerlich, sind restlos den äußeren Umständen zuzuschreiben. Alle Katzen verhalten sich immer und ausschließlich «auf Katzenart». Aus *einem* Menschen werden auch nicht mehrere durch die bloße Tatsache, daß dieser eine Mensch sich je nach den Lebensumständen immer wieder ganz anders verhält und anderes vollbringt! Die Denkfehler, die in dieser Beziehung selbst von der sogenannten Wissenschaft oft gemacht werden, können einen nur in Erstaunen versetzen.

Was ist nun aber damit gemeint, daß der Mensch – im Gegensatz zum Tier – ein *individuelles* Wesen ist, das heißt, wie eine ältere Menschheit zu sagen pflegte: eine Spezies, eine Art für sich? Damit ist gemeint, daß das Spezifische des Menschseins nicht Sache der Natur, sondern der individuellen Freiheit ist. Diese wird im Denken und im Wollen erlebt und ausgeübt. Daß jeder Mensch in der Tat ein einzigartiges Individuum ist, wird uns dadurch «demonstriert», vor Augen geführt, daß jeder Mensch über die Menschennatur – und über alle anderen Dinge – nachdenken und frei entscheiden kann, wie er sich dazu verhält.

Wenn wir weiterhin fragen, *woran* objektiv und inhaltlich das Individuelle des Menschen sich zeige, so können wir antworten: Das Individuelle tritt inhaltlich und wesenhaft gerade dort auf, wo der Mensch etwas hervorbringt, was nicht in irgendeinem Gruppenhaften als solchem enthalten ist, also etwas, was über alles Rassenhafte oder Gruppenhafte *hinausgeht.* Und was wäre dasjenige, was über alles Gruppenhafte hinausgeht? Es kann nur, paradoxerweise, das Allgemein-Menschliche sein! Es kann nur dasjenige sein, was für *jeden* Menschen gilt, ganz unabhängig von jeder Rasse, jedem Volk, jeder Gruppierung, welcher Art auch immer.

Damit ist zugleich gesagt: Das individuell Hervorgebrachte zeichnet sich gerade durch seine Universalität, durch seine Allgemeingültigkeit aus. Dies aufgrund der Tatsache, daß das Allgemein-Menschliche nicht von Rasse oder Volk, das heißt von dem, was *nicht* allgemein menschlich ist, gegeben werden kann, sondern lediglich individuell und freiheitlich vom einzelnen *errungen* werden darf. Die Pflege des Universellen ist somit zugleich die Pflege des Schöpfertums des individuellen Ich. Nur als autonomes Individuum kann der Mensch dasjenige hervorbringen, was jenseits von Rasse und Volk für alle Menschen gilt – und wiederum: Nur das Universelle kann als dasjenige angesehen werden, was ausschließlich auf ganz individuelle Weise geschaffen werden kann. Hierin liegt das gegenseitige Sich-Bedingen des Ichhaft-Individuellen und des Menschheitlich-Universellen.

Ob ein Mensch sich in seinem Selbstverständnis mehr mit seiner Physis oder seiner Volksgemeinschaft identifiziert oder ob er seine Identität mehr in dem sieht und erlebt, was er in sich an Allgemein-Menschlichem ausgeprägt hat, hängt ausschließlich von ihm selbst ab. In dem Maße, in dem er das letztere tut, wird er sich nicht beirren lassen von Menschen, die sich oder ihn mit den Eigenheiten der Rasse oder des Volkes identifizieren wollen. Ein Mensch, der voll im Individuellen und im Menschheitlichen drinnen lebt, wird niemals auf seine Leiblichkeit fixiert sein: Er wird sie willig bejahen, so wie sie ist, und sie als Instrument betrachten, welchem Volk oder welcher Rasse auch immer er angehört.

Menschheit, Erde und Kosmos

In der Tat finden wir bei unbefangener *Wahrnehmung* der heutigen Menschheit eine völlige Bestätigung der beiden erwähnten Grunddimensionen des spezifisch Menschlichen: Wir bemerken überall das Streben nach individueller Freiheit und nicht weniger die objektive Notwendigkeit eines globalen Menschheitsbewußtseins. Durch die Weltwirtschaft und die Kommunikationsmedien sind Erde und Menschheit im Bewußtsein der Menschen in unserer Zeit zum erstenmal in der Geschichte zu einer geschlossenen Einheit geworden. Nur *der* Mensch lebt heute zeitgemäß und trägt den Anforderungen der Zeit Rechnung, der ein ökologisches Bewußtsein der Verantwortung des Menschen für die ganze *Erde* in sich trägt und zugleich ein Bewußtsein dessen, daß die *Menschheit* ein einheitlicher Organismus ist, der, um gesund zu sein, keine Sonderinteressen irgendeines Volkes, einer Rasse oder einer sonstigen Gruppierung auf Kosten der übrigen Organe des Menschheitsorganismus verträgt. In einem Organismus kann das Gedeihen eines Gliedes nicht durch die Zerstörung anderer Glieder erkauft werden.

Wenn man diesen Gedanken weiter verfolgt, so ergibt sich die Notwendigkeit, neben dem Menschheits- und dem Erden-Bewußtsein ein *kosmisches* Bewußtsein zu entwickeln, wodurch Menschheit und Erde erst ihren wahren Zusammenhang finden und woher sie erst ihren eigentlichen Sinn bekommen. Gerade zur Entwicklung dieses kosmischen Bewußtseins bietet die Geisteswissenschaft Rudolf Steiners die umfangreichste und tiefste Impulsierung.

Fragen wir jetzt aber: Wer hat Zugang zu dieser zukunftsträchtigen Stufe des Bewußtseins, wo das Individuelle und das Universelle das Wichtige sind und wofür Rasse oder Volk lediglich Grundlage und Bedingung darstellen? Die Antwort lautet: Jeder Mensch hat, einer wie der andere, im Laufe seiner Gesamtentwicklung als Mensch gleichen Zugang zu diesem zweifachen rein Menschlichen. Gerade für die Ausprägung des Individuellen und des Universellen – des heute Zeitgemäßen – spielt es keine Rolle, welcher Rasse oder welchem Volk ein Mensch angehört.

Hier geht es um ihn rein als Menschen, wo er *jenseits* von Rasse und Volk dasjenige in sich pflegt, was mit Rasse oder Volk nichts mehr zu tun hat. In dem Maße, in dem dieses rein *Menschliche* auch in der Begegnung zwischen den Menschen die entscheidende Rolle spielt, werden diese dasjenige als wesenhaft erleben, was sie einigt – und als ganz unwesenhaft dasjenige, was sie voneinander sondert. Die Tatsache, daß jedes Individuum auf seine ganz eigenartige Weise die Unerschöpflichkeit des Allgemein-Menschlichen in seinem Geist zur Erscheinung bringt, bedeutet keine Zersplitterung des Menschlichen, sondern erst recht seinen unendlichen, aber einheitlichen Reichtum, so wie die einzigartige Widerspiegelung des Organismus in jedem Organ keine Beeinträchtigung der Einheit, sondern erst recht ihre lebendige Wirklichkeit darstellt.

Rassismus und Nationalismus eng verwandt

Eine tiefe Tragik unseres Zeitalters liegt in der Tatsache begründet, daß viele Menschen auf der Erde den Rassismus tadeln und gleichzeitig den Nationalismus pflegen, ohne sich bewußtzumachen, wie grundverwandt diese zwei Haltungen sind. Im ersten Fall wird der Mensch mit einer *Leibesart* identifiziert, im zweiten Fall mit einer *Seelenart*, mit der Kultur eines Volkes oder einer Nation. In beiden Fällen haben wir es mit einem Gruppenhaften zu tun: eines leiblichen bei der Rasse, eines seelischen bei der Nationalität. In beiden Fällen wird sowohl das allgemein Menschliche wie auch das ganz Individuelle ignoriert.

Für eine geistgemäße und ichgemäße Wissenschaft ist die Gruppenseele eines Volkes für das Individuum nicht weniger «Hülle» als der Leib und nicht weniger *eine* Hülle unter vielen, die er bezieht. Jeder Mensch «umhüllt» sich im Laufe seiner Gesamtentwicklung mit den verschiedensten Volksseelen. Die jeweilige Sprache, die Volkskultur soll vom Individuum im Laufe der Zeit nicht weniger als der Leib zur Bedingung, zur Grundlage für das Ichhaft-Individuelle und für das Menschheitlich-Universelle gemacht werden.

In diesem Zusammenhang wird ersichtlich, warum in der Geisteswissenschaft Rudolf Steiners die Unterscheidung zwischen Seele *und Geist* nicht weniger wichtig ist als die Unterscheidung zwischen Seele und Leib. Statt sich aufzuschwingen zur Aufhellung des Unterschiedes zwischen Seele und Geist, ist der neuzeitliche Materialismus herabgesunken in die Verschleierung des Unterschiedes zwischen Seele und Leib.

Ob ein Mensch sich überlegen fühlt und einen anderen diskriminiert aufgrund dessen, was die Natur ihm von der Seite des Leibes gegeben hat, oder aufgrund dessen, was er durch Geburt von der Seite der Volkskultur und der Seelenwerte empfangen hat, in beiden Fällen identifiziert er sich und den anderen mit dem, was gruppenhaft ist und passiv empfangen wird, nicht mit dem, was jeder auf ganz individuelle und freiheitliche Weise sich erringen und selber hervorbringen muß. Ähnliches muß man sagen über jede Form der Diskriminierung aufgrund des Geschlechts eines Menschen, sowohl als Frau wie auch als Mann.

Die Bewußtwerdung der Tatsache der Wiederverkörperung eröffnet nicht nur ungeahnte Erkenntnisperspektiven, sondern legt auch Kräfte frei für eine reale Überwindung sowohl des Rassismus wie auch des Nationalismus. Das Nationale des anderen wird erlebt als eigene Vergangenheit oder Zukunft, nicht mehr als fremd. Ein konkretes Beispiel: Ein «Italiener», der sehr stolz auf «seinen» Dante ist, ihn als Eigenbesitz betrachtet und dabei ist, einem «Deutschen» nachzuweisen, daß Dante doch viel besser als ein Goethe ist, kommt plötzlich auf den Gedanken, daß Dante sich inzwischen möglicherweise schon mal als «Deutscher» inkarniert hat, und merkt, wie unsinnig es ist, Dante bloß deswegen als «Eigenbesitz» zu betrachten und sich dessen zu rühmen, weil man diesmal in Italien geboren ist. Die höchste Paradoxie würde sich natürlich in dem Fall ergeben, daß der «Deutsche», mit dem er gerade spricht, kein anderer wäre als der wiederverkörperte Dante selbst!

Da Nationalismus und Rassismus im Grunde genommen voneinander untrennbar sind, können sie auch nur zusammen überwunden werden. Keine echte Überwindung des Rassismus ist möglich, ohne zugleich ernsthaft an der Überwindung jeder Form von Nationalismus zu arbeiten. Wie oft ist es derselbe Mensch, der von anderen aufgrund seiner Leiblichkeit Diskriminierung *erleidet* und der dann anderen gegenüber aufgrund seiner Überlegenheitsgefühle in bezug auf Volk oder Nationalität Diskriminierung *bewirkt.*

Die Frage ist für die heutige Menschheit die allerwichtigste: Wo in der Menschheit, wenn überhaupt, hat sich bis jetzt das universell Menschliche am reinsten gezeigt? Wo sind die Menschen zu finden, die am höchsten sich über Rasse und Volk emporgehoben haben, um das rein Individuelle und Freiheitliche zur Ausprägung zu bringen? Wo sind die Menschheitsgeister zu finden, die verstanden haben, daß das Individuelle und Einmalige des Ich zugleich das Universell-Menschheitliche ist – dasjenige, was die Berufung aller Menschen auf der Erde darstellt, unabhängig davon, welcher Rasse oder welchem Volk sie angehören?

Könnte es nicht sein, daß solche Geister überall zerstreut auf der Erde, in jeder Rasse und in jedem Volk zu finden sind? Wenn die Entwicklung noch eine Stufe weiter wäre, als sie heute ist, dürfte, ja müßte das der Fall sein. Die bisherige Entwicklung der Menschheit spricht aber dafür, daß zunächst selbst die höchsten Geister noch die Grundlage einer geeigneten Kultur oder Sprache brauchten, sei es auch nur, um sich einigermaßen verständlich zu machen.

So ist es einfach eine objektive Wahrnehmungstatsache, daß das rein Menschliche – das ganz Individuelle und zugleich das ganz Universelle – auf urbildhafte Weise bis jetzt vorwiegend in Menschengeistern zutage getreten ist, die in Mitteleuropa ihre Grundlage gefunden haben. Der erste lichtvolle Höhepunkt reiner Menschlichkeit wurde zur Zeit Goethes und des Idealismus erreicht. Der zweite Höhepunkt ist das Entstehen der Geisteswissenschaft Rudolf Steiners.

Es liegt in der besonderen Aufgabe der deutschen Sprache, der deutschen Kultur, ja des deutschen *Volksgeistes*, nicht eine Geistigkeit hervorzubringen, die sich durch eigene nationale Besonderheiten von der anderer Völker abgrenzt, sondern umgekehrt dasjenige, was gerade dank der Tatsache universell-menschheitlich ist, daß es zugleich rein individuell und ichhaft ist. So ist es zum Beispiel im «Faust» Goethes, so ist es in der Ich-Philosophie Fichtes.

Nicht im Sinne einer sondernden Auszeichnung, sondern im Sinne einer moralischen Verantwortung der ganzen Menschheit gegenüber hat Rudolf Steiner folgende Worte jedem Deutschen ins Gewissen geredet: «Der Deutsche wird durch Geisteswissenschaft erkennen – er hat nötig, dies in aller Objektivität und Demut aufzufassen –, daß er durch das, was die Volksseele zu seinem Ich spricht, dazu prädestiniert ist, das Allgemein-Menschliche durch seine Nationalität zu suchen. Daß er mitbekommt, was ihn über die Nationalität hinausführt, das ist das Nationale deutschen Wesens. Darin besteht das konkret Nationale deutschen Wesens, daß es durch das Nationale über die Nation hinausgetrieben wird in das allgemeine Menschentum hinein. Daher ist der Übergang zu finden vom deutschen Idealismus zur Geisteswissenschaft im Hineinfließen des deutschen Idealismus in Geisteswissenschaft.» (Vortrag vom 23. März 1915, GA 174a.)

Ein Volk, dessen besondere Volksidentität darin besteht, keine zu haben, wie das deutsche, hat es viel schwieriger, zum Volksgenius zu halten. Wenn es das aber nicht tut, so ist der entsprechende Volksdämon am Werk, der dann abgründiger wirkt als anderswo, weil er viel entschiedener und direkter als in anderen Völkern Bekämpfer und Gegner des Allgemein-Menschlichen und des Ichhaft-Individuellen sein muß.

Rudolf Steiner sagt hier *nicht*, daß das deutsche Volk besser als andere oder anderen überlegen sei. Er sagt das Gegenteil: In diesem Volk sind besondere Kräfte vorhanden, die das *Abstreifen* jedes Überlegenheitsgefühls, das heißt jedes Rassismus und jedes Nationalismus, ermöglichen und erfordern. Für dieses Volk bietet es sich besonders an und ist zugleich geboten, nicht besser oder überlegen sein zu wollen, sondern im Gegenteil dasjenige anzustreben und auszuprägen, was alle Völker gemeinsam haben und was jeder Mensch auf der ganzen Erde als das Rein-Menschliche in sich birgt.

«Goetheanismus» und «Europäer»

Um den Unterschied zwischen dem Universell-Menschlichen und allem, was zunächst nur einen Sonderimpuls darstellt, zu veranschaulichen, können wir zwei Begriffe miteinander vergleichen: den Begriff «Goetheanismus» und den Begriff «Europäer».

Was mit dem Begriff «Goetheanismus» gemeint ist, enthält nichts, was nicht für alle Menschen und für jeden Menschen gültig ist. Bei Goethe sind immer freie Errungenschaften des Menschengeistes als solche maßgebend – sowohl in der Wissenschaft wie auch in der Kunst und in der Religion –, die nirgendwo diskriminierend sind: Kein Mensch kann sich ausgeschlossen fühlen, insoweit er sich *als Mensch* erlebt. Im Gegenteil: Jeder darf sich immer direkt angesprochen fühlen.

Goetheanist kann jeder *werden*, weil keiner es von Natur aus *ist*. Oder, anders gesagt: Das Wesen des Goetheanismus liegt nicht in dem, was ein Mensch *ist*, sondern in dem, was er in Freiheit unentwegt *wird*. Das Fazit des «Faust» lautet: «Wer immer strebend sich bemüht, den können wir erlösen ...»

Ganz anders beim Begriff «Europäer». Europa ist keine geistige, sondern eine geographische Landschaft. Diese Landschaft schließt von vornherein gewisse Menschen aus, weil sie nur einen besonderen Teil der Erde darstellt. Der Begriff «Europäer» ist seinem Wesen nach diskriminierend, das heißt gewisse Menschen ausschließend und in diesem Sinne, wenn er verallgemeinert wird, rassistisch. Um Europäer zu sein, muß man in Europa geboren sein. So wie «Goetheanist» *jeder* werden kann, so kann «Europäer» *keiner* werden. Entweder man ist es, oder man ist es nicht. Dasjenige, was jeder Mensch als Individuum durch Übung der Freiheit werden kann, spielt hier keine Rolle.

Der Begriff «Europäer» könnte nur dann *alle* Menschen umschließen, wenn er prinzipiell alles ausschließen würde, was nicht allgemein menschlich ist. «Europäer» müßte dann aber als gleichwertig mit «Mensch» gelten. Dazu müßte aber die ganze Menschheit ihren Sprachgebrauch von Grund auf ändern. Das einzig Sinnvolle ist also, daß der einzelne die Tatsache würdigt, daß die Sprache keine reine Sache des ethischen Individualismus ist! In allen Sprachen heißt «Europäer» etwas, was nur gewisse Menschen umfaßt und was andere Menschen genauso eindeutig ausschließt. Nicht anders wäre es mit den Begriffen «Amerikaner» oder «Asiate».

Wenn von Goethe oder von Rudolf Steiner die Rede ist, so handelt es sich gerade nicht um Land- oder Volksbezeichnungen, sondern um menschliche «Individuen», die lediglich aufgrund dessen in Frage kommen, was sie *jenseits* ihrer geographischen oder Volkszugehörigkeit an rein Menschlichem und Menschheitlichem hervorgebracht haben. Sie kommen ganz und gar nicht als «Deutsche» in Betracht, sondern schlechthin als Individuen und als Menschen, mit denen sich jeder Mensch identifizieren kann.

Etwas in mir will das Reinste nicht anerkennen …

Es gibt viele Menschen in der Welt, die sich innerlich dagegen wehren und sich dagegen auflehnen, wenn die Rede davon ist, daß im Schoße irgendeines besonderen Volkes das Allgemein-Menschliche und das Einzigartig-Individuelle auf urbildhafte Weise in Erscheinung getreten sei. Eine solche Behauptung und ein solcher Anspruch scheinen ihnen die Überhöhung jeder Diskriminierung und jedes Rassismus darzustellen. Sie meinen, hier würde nicht nur eine Überlegenheit aufgrund einer Rassen- oder Volksidentität in Anspruch genommen, sondern sogar eine prinzipielle Überlegenheit des Geistes.

Und doch dürfen auch hier nicht die *Emotionen* der Menschen über das Objektive und das Wahre entscheiden. Der Goetheanismus, die Geisteswissenschaft Rudolf Steiners sind zwar im Schoße des deutschen Volkes entstanden, haben aber ihrer Natur nach mit einem Sonderimpuls, der gewisse Menschen ausschließt, nicht das geringste zu tun. Dies einsehen und bejahen zu können, ist Sache des unbefangenen Urteilsvermögens jedes einzelnen Menschen.

Jeder, der die Entwicklungsimpulse in ihrer Objektivität erfaßt, die bei Goethe und bei Rudolf Steiner zu finden sind, wird sich sagen müssen: Hier werden in reinster Form die zukünftigen Entwicklungsstufen des menschlichen Individuums und somit der ganzen Menschheit auf urbildhafte und allgemeingültige Weise vorgeübt und vorweggenommen. Nirgendwo sonst in der Menschheit findet sich etwas, was so restlos alles abgestreift hat, was Menschen voneinander trennen oder gegeneinanderstellen könnte.

Üben wir für einen Augenblick diesen Gedanken in Form einer Hypothese. *Nehmen wir an*, es wäre so, wie ich behauptet habe. Nehmen wir an, es wäre in der Tat im Schoße irgendeines Volkes und dank einer besonderen Sprache und Kultur das rein Menschliche urbildhaft zutage getreten. Nehmen wir hypothetisch an, dies wäre so: Was würde einen «Italiener» oder einen «Japaner» oder einen «Amerikaner» davon abhalten, dies anzuerkennen? Es kann nur das angeborene Hängen am Eigenen, als an etwas besonders Vorzüglichem sein, das einen nicht zum Universellen hinfinden läßt.

Wenn ein Goethe und ein Rudolf Steiner tatsächlich in hohem Maße das rein Universell-Menschheitliche darstellen, dann kann es nur mein eigenes Hängen am Partikulären sein – mein Bedürfnis, mein Volk oder meine Sprache als etwas Besonderes hervorzuheben –, was mich daran hindert, das anzuerkennen und mir zu eigen zu machen. Statt meine eigene nationalistische Gesinnung zuzugeben, werfe ich sie in diesem Fall gerade den Menschen vor, die sie am meisten abgestreift haben. Die einzige Alternative dazu wäre, daß die Hypothese im Falle Goethes und Rudolf Steiners nicht stimmt und daß es uns gelänge nachzuweisen, daß wir es hier mit etwas nicht für die ganze Menschheit und für jeden Menschen Gültigem zu tun haben.

Der Leser wird mir verzeihen, wenn ich hier eine Andeutung über mein eigenes Schicksal einfüge: Ich habe mit dem sogenannten «Deutschtum» von der Seite der Geburt und des Blutes, der Muttersprache und des Volkes, in dem ich aufgewachsen bin, nicht das geringste zu tun. Und ich muß zugeben, daß ich in Deutschland nicht nur den Geist Goethes und Rudolf Steiners erlebt habe, sondern auch – wie ich schon erwähnt habe: verständlicherweise – genug von dem, was gerade in diesem Volk als die abgründigste Form des Nationalismus und des Rassismus erscheinen muß – und dies manchmal gerade bei Menschen, die meinen, daß Goethe und Rudolf Steiner *ihnen* wie ein Geburtsrecht oder wie ein Eigenbesitz gehören, weil sie diese Impulse nicht genügend deutlich als freie Errungenschaft jedes Individuums und jedes Augenblicks begreifen.

Wie ist es aber nun mit diesen Menschen, die durch Geburt dem Volk angehören, in dessen Schoß und dank dessen Sprache ein Goethe oder ein Rudolf Steiner möglich wurden? Die Lage dieser Menschen ist in dem Sinne schwieriger, daß sie eine zusätzliche, gewaltige Versuchung ständig überwinden müssen, der die anderen Menschen gar nicht ausgesetzt werden können: die Versuchung, sich von vornherein mit dem zu identifizieren und es als Eigentum und Privileg zu «besitzen», was alle anderen Menschen erst *werden* und sich erringen müssen. Diese Versuchung ist naheliegend, und ihr zu erliegen, ist nicht weniger menschlich und verständlich. Und doch: Dieser Versuchung zu erliegen, ist, wie gesagt, die vielleicht abgründigste Form des Nationalismus und des Rassismus. Das 20. Jahrhundert ist von dieser Tragik zutiefst geprägt worden. In allen anderen Völkern kann der Mensch nur Teilaspekte des Menschlichen verabsolutieren. Im Volke Goethes und Rudolf Steiners dagegen wird durch die nationalistische oder rassistische Gesinnung das Allgemein-Menschliche ins absolute Gegenteil verkehrt.

Warum wird Rudolf Steiner Rassismus vorgeworfen?

Beim Schreiben dieser Seiten habe ich lange hin und her überlegt, ob ich näher eingehen sollte auf einige Veröffentlichungen, die Rudolf Steiner Rassismus vorwerfen. Je mehr ich mich mit diesen Schriften befaßt habe, desto eindeutiger bin ich zu dem Ergebnis gekommen: Zugrunde liegt immer das fundamentale Mißverständnis, das ich schon mehrfach erwähnt habe, daß nämlich Aussagen über Arten des Leibes und seiner Eigenschaften als Aussagen über den Menschen schlechthin *gedeutet* werden.

Aber es liegt noch etwas anderes vor. Wenn man von vornherein die Absicht hat, Rudolf Steiner als Rassisten hinzustellen, muß man *Unendliches* totschweigen und dem Leser vorenthalten, was in Rudolf Steiners Werk überall zu finden ist und was notwendigerweise ein ganz anderes Bild ergeben würde. Diese Kunst des Ignorierens und des Totschweigens wird von Steiner-Gegnern ausgiebigst geübt. Sie ist eine billige Bevormundung des Lesers, und es ist zu hoffen, daß im Volk Goethes und Schillers solche Bevormundungsversuche nicht gelingen.

Was bleibt denn dann, wenn man alles «Gute» bei Rudolf Steiner ignoriert – man betrachte nur die im Anhang abgedruckten Gedanken! –, um ihn als «ganz schlimm» hinzustellen? Es bleibt einem nur übrig, einige Sätze aus ihrem weiteren und engeren Zusammenhang herauszureißen und sie zum eigenen Gebrauch beliebig auszulegen. Gerade dies wird meistens in der Literatur getan, von der hier die Rede ist. Der Leser möge sich dessen selbst vergewissern. Ich würde auf die gegen Rudolf Steiner geltend gemachten Einwände nur dann eingehen, wenn eine objektive und sachliche Auseinandersetzung möglich wäre. Dies ist nicht der Fall, wenn das meiste verschwiegen und das Zitierte durch bewußte Ignorierung des Zusammenhanges völlig verzerrt wird.

Was ich sagen will, kann ich vielleicht am besten durch einen Vergleich verdeutlichen: Wenn man darauf erpicht wäre, zu beweisen, daß Jesus von Nazareth ein echter Rassist war, so wäre das nach der obenerwähnten Methode ein leichtes. Wer um geeignete Jesus-Zitate verlegen wäre, dem kann ich helfen. Man brauchte nur folgende Sätze ohne Zusammenhang anzuführen und sie entsprechend zu «deuten»: «Das Heil kommt von den Juden» (Joh. 4, 22); «Ich bin nur gesandt zu den verlorenen Schafen des Hauses Israel» (Mt. 15, 24). Die Liste läßt sich erweitern.

Wenn man in der Geisteswissenschaft Rudolf Steiners keine Ansatzpunkte findet, um ihn zu verleumden, wendet man sich seinem Privatleben zu, um wenigstens seiner Person etwas anzuhängen. So wird Rudolf Steiner für alle Bedenklichkeiten direkt moralisch verantwortlich gemacht, die bei allen möglichen Menschen zu finden sein sollen, bloß weil er irgend etwas mit diesen Menschen zu tun gehabt hat! Ich weiß nicht, ob ich dieses Verfahren die höchste Steigerung des Moralismus oder der Naivität nennen soll. So kommen zum Beispiel zwei Brüder zu der Behauptung, Rudolf Steiner sei ein Satanist gewesen. Sie haben diese Behauptung von einem anderen übernommen, der inzwischen sogar öffentlich zugestanden hat, daß sie nicht stimmt, daß er selber sie aus einer Quelle bezogen hat, wo einfach Falsches über Steiner behauptet wurde …

Was die Menschheit im Fall Rudolf Steiner interessiert, ist seine Geisteswissenschaft. Sein privates Leben ist seine private Sache. Gewiß darf man verlangen, daß sein Leben seiner Weltanschauung nicht widerspreche, aber dazu genügt völlig das ernsthafte Streben danach. Dieses ist bei Rudolf Steiner in vollkommenem Maße gewährleistet, wenn man unbefangen seine Lebensführung betrachtet. Das Wichtige für die Menschheit ist viel weniger die persönliche Heiligkeit Rudolf Steiners, als die *Wahrheit* seiner Geisteswissenschaft, welche die einzige Rettung aus der Menschheitstragik des Materialismus darstellt. Derjenige, der wirklich das kennt, was Rudolf Steiner hervorgebracht hat, weiß übrigens, daß sein Wirken gar nicht möglich gewesen wäre, wenn nicht eine hohe Lauterkeit der Person vorhanden gewesen wäre. Die geistige Welt eröffnet nicht jedem die Mysterien, die sie Rudolf Steiner zugänglich gemacht hat.

Die Sachlichkeit in dieser Auseinandersetzung wird erschwert durch die Tatsache, daß die Frage des Rassismus emotional äußerst aufgeladen ist. Jeder, der, wie Rudolf Steiner, unter allen Umständen *wahr* sein will, kann angegriffen werden, wenn die Menschen die objektive Wahrheit schwer vertragen. Die einzige Alternative hierzu wäre, zu schweigen, wenn einem die eigene Ruhe wichtiger wäre als das Wohl der Menschheit.

In diesem Zusammenhang muß ich noch folgendes ausdrücklich erwähnen: Was ich hier versuche darzustellen, ist die Sicht *Rudolf Steiners* über die Entwicklung der Menschheit, unter besonderer Berücksichtigung der Rassenfrage. Rudolf Steiner und seine Geisteswissenschaft müssen aber klar unterschieden werden von all dem, was Menschen – ob Anthroposophen oder nicht – daraus im Laufe dieses Jahrhunderts gemacht haben. In dieser Schrift geht es lediglich um Rudolf Steiner und seine Geisteswissenschaft.

Nur wenn der Leser die Grundgedanken Rudolf Steiners kennt, wird er auch zum Beispiel Menschen besser einschätzen können, die sich Anthroposophen nennen und es für nötig halten, sich, was die Rassenfrage angeht, von Rudolf Steiner zu distanzieren. Ich füge hier diese Andeutung hinzu, weil viele Menschen, besonders in Deutschland, aufgrund des Bildes, das sie sich von Anthroposophen gemacht haben, es unterlassen haben, sich mit Rudolf Steiner zu befassen. Diese Tatsache betrachte ich als große Tragik nicht nur für das deutsche Volk, sondern für die heutige Menschheit.

Aber ein Ähnliches gilt auch in bezug auf Goethe. Es ist sehr fraglich, ob das deutsche Volk heute Goethe wirklich «hat». Goethe bloß als *literarische* Erscheinung zu behandeln, heißt, das moralische Gewissen des deutschen Volkes zu verdrängen. Dieses Volk wird erst dann Goethe als das Eigene ansehen dürfen, wenn es ihn als ernsteste *moralische* Erscheinung wird erkennen können. Wer den «Faust» bloß als dichterische Fiktion behandelt, der verleugnet den wahren Geist Goethes und verdrängt den Faust-Menschen in sich, weil er das Leben zu unbequem macht. Goethes «Faust» ist das moralische Gewissen des deutschen Volkes insoweit, als er zugleich das moralische Gewissen jedes Menschengeistes und der ganzen heutigen Menschheit darstellt.

Bedenkliche Äußerungen?

Es gibt viele Äußerungen Rudolf Steiners, die gründlich mißverstanden und im Sinne einer diskriminierenden Haltung interpretiert werden können, sobald man sie aus ihrem Zusammenhang herausreißt. Der Zusammenhang, der hier in Frage kommt, ist zunächst der Gesamtzusammenhang seiner Geisteswissenschaft selbst. Entscheidend ist hier, wie ich dargestellt habe, daß Aussagen über Eigenschaften irgendeiner Leibesart nicht verwechselt werden dürfen mit Aussagen über den Menschen als solchen.

Seit dem Tode Rudolf Steiners ist viel geschehen: Die Menschheit ist noch tiefer in den Materialismus gesunken, das Leben ist viel kosmopolitischer geworden, Menschen von ganz unterschiedlicher Leibesart leben häufiger zusammen als damals. Und weil die Menschen im allgemeinen noch viel mehr als damals dazu tendieren, den Menschen mit seiner Leiblichkeit zu identifizieren, könnte Rudolf Steiner gewisse Äußerungen heute unmöglich genauso machen wie damals, ohne mißverstanden zu werden oder Empörung zu erregen. Denn die Frage nach der objektiv-inhaltlichen Wahrheit von Äußerungen ist nicht die einzige, die für das Leben wichtig ist. Wichtiger noch ist für das Leben und für das menschliche Miteinander die

Art und Weise, wie eine Äußerung wirkt und was sie bewirkt. Die Frage ist wichtig: *Wann, wo, wem und wie* darf oder darf nicht etwas gesagt werden, und sei das *Was* objektiv gesehen noch so wahr und richtig. Goethe sagt es so schön: «Was fruchtbar ist, allein ist wahr.»

Rudolf Steiner selbst hat drei Grundarten des Sprechens: das Schön-Sprechen, das Wahr- oder Richtig-Sprechen, das Gut-Sprechen unterschieden. Für eine ältere Menschheit war das Schön-Sprechen wichtig: Göttliche Wesen sorgten für die Wahrheit und die Güte der Sprache. In der modernen Menschheit ist das Wahr- oder Richtig-Sprechen wichtiger geworden, besonders für eine Naturwissenschaft, die das Moralische weitgehend ausklammert. Für eine geistige Regeneration der Menschheit muß das *Gut-Sprechen* – so meint Rudolf Steiner – in der Zukunft zum Wichtigsten gemacht werden.

Wann ist aber etwas *gut* gesagt oder gesprochen? Nur dann, wenn es *Gutes* will und auch bewirkt! Gerade dies ist schon immer das berechtigte Anliegen der Situationsethik gewesen. Es ist eine Frage des *moralischen Taktes* – dessen, was Rudolf Steiner in seiner *Philosophie der Freiheit* «moralische Technik» nennt – zu wissen, wann und wie eine Aussage eine positive und menschenfördernde Wirkung haben wird. Da die Wirkung aber nicht weniger von der Freiheit der Zuhörer abhängt, so darf hier jeder – selbst ein Rudolf Steiner – auch aus seinen Fehleinschätzungen lernen. Das ist zum Beispiel dann der Fall, wenn man den Menschen mehr zutraut, als sie im nachhinein zu leisten imstande sind.

Die Situation des Mitteilens ändert sich aber von Grund auf, wenn das gesprochene Wort nicht nur vom unmittelbaren Zuhörer gehört, sondern auch *gedruckt* und überall auf der Welt *gelesen* werden kann. Diesen Riesensprung vom Persönlichen des Wortes ins Unüberschaubare und Unpersönliche des gedruckten Textes beachtet die heutige Menschheit viel zu wenig. Rudolf Steiner hat zeit seines Lebens auf die Probleme hingewiesen, die dadurch entstehen, daß seine Vorträge gedruckt werden.

Als er damals zum Beispiel das Wort «Neger» aussprach und seine Zuhörer das hörten, klang in diesem Wort nichts von Abträglichem oder sogar Verachtendem mit. Für uns Heutige «klingt» das Wort anders. Damals bedeutete das Wort ganz einfach einen Menschen schwarzer Hautfarbe. Das ist nicht anders, als wenn zum Beispiel Albrecht Schöne in seinem Kommentar zu Goethes «Faust» den Leser darüber informiert, daß das Wort «umständlich» für Goethe «ausführlich» bedeutete.

Aber gerade hierin liegt das Anachronistische vieler Vorwürfe, die Rudolf Steiner gemacht werden. Er wird für die Reaktionen verantwortlich gemacht, die seine Äußerungen *heute* hervorrufen würden, wenn er sie heute machen würde. Er macht sie aber nicht heute. Derjenige, der heute eine Äußerung macht, muß Verantwortung tragen – obwohl in Grenzen, die von der Freiheit der anderen gesetzt werden – für die Wirkung, die sie heute hervorruft. Einer früher gemachten Äußerung gegenüber geht es aber gerade darum, sie nach ihrer *damaligen* Wirkung zu beurteilen. Man kann nicht naiv und unkritisch so ihr gegenüber reagieren, als ob sie *heute* geäußert würde, oder sie für Reaktionen verantwortlich machen, die sie heute eventuell hervorrufen könnte.

Was heißt es aber, eine Äußerung in ihrem historischen Zusammenhang zu würdigen? Es heißt, ihre mögliche heutige Wirkung und die Reaktionen aller möglicher heutiger Menschen, welche die unterschiedlichsten sein können, beiseite zu lassen und auf den objektiven Wahrheitsinhalt der Äußerung hinzuschauen. Denn allein der Wahrheitsinhalt hat eine Gültigkeit, die unabhängig ist von der Zeit und von den oft entgegengesetzten subjektiven Reaktionen der Menschen. Die Tatsache, daß irgendeine Aussage irgendwann bei irgend jemandem Anstoß erregt, bedeutet noch nicht, daß sie unwahr ist, und auch nicht, daß sie unterlassen werden sollte.

Der Mut zum Wahr-Sein

Ich möchte im folgenden einige der am meisten kritisierten Äußerungen Rudolf Steiners erwähnen und sie möglichst sachlich auf ihren Wahrheitsgehalt und auf ihre Objektivität hin prüfen.

In seiner Antwort auf eine Frage der Arbeiter am Goetheanum über Schwangerschaft sagt er:

«Neulich bin ich in Basel in eine Buchhandlung gekommen, da fand ich das neueste Programm dessen, was gedruckt wird: ein Negerroman, wie überhaupt jetzt die Neger allmählich in die Zivilisation von Europa hereinkommen! Es werden überall Negertänze aufgeführt, Negertänze gehüpft. Aber wir haben ja sogar schon diesen Negerroman. Er ist urlangweilig, greulich langweilig, aber die Leute verschlingen ihn. Ja, ich bin meinerseits davon überzeugt, wenn wir noch eine Anzahl Negerromane kriegen, und wir geben diese Negerromane den schwangeren Frauen zu lesen, in der ersten Zeit der Schwangerschaft namentlich, wo sie heute ja gerade solche Gelüste manchmal entwickeln können – wir geben diese Negerromane den schwangeren Frauen zu lesen, da braucht gar nicht dafür gesorgt zu werden, daß Neger nach Europa kommen, damit Mulatten entstehen; da entsteht durch rein geistiges Lesen von Negerromanen eine ganze Anzahl von Kindern in Europa, die ganz grau sind, Mulattenhaare haben werden, die mulattenähnlich aussehen werden!» (Vortrag vom 30. Dezember 1922, GA 348.)

Diese Worte Rudolf Steiners enthalten unter anderem zwei Grundaussagen. Die erste bezieht sich auf den Einfluß des inneren Lebens der schwangeren Frau auf die Leiblichkeit des Kindes; die zweite bezieht sich indirekt auf die Notwendigkeit der Läuterung des rein Triebhaften, wenn der Mensch wahre Menschlichkeit anstrebt. Beide Äußerungen sind für viele heutige Menschen höchst «problematisch». Die erste kann nicht mit den Forschungsmitteln der heutigen herkömmlichen Wissenschaftlichkeit auf ihre Wahrheit hin geprüft werden. Die zweite wird von vielen als altmodischer Moralismus zurückgewiesen.

Jeder hat natürlich das Recht auf seine Überzeugungen. Kann man aber sagen, daß diese Äußerungen Rudolf Steiners in ihrem objektiven Gehalt diskriminierend oder rassistisch sind? Nehmen wir an, es gäbe eine gewisse Art der Leiblichkeit, die ihrer Natur nach dazu tendiert, stärker als eine andere ihre eigene Gesetzmäßigkeit dem Menschengeist – dem Menschen – aufzuprägen, so bleibt es dabei, daß dies keine Aussage über den Menschen ist, sondern über die Natur einer gewissen Leiblichkeit. Für einen Menschen, der seine Menschlichkeit durch eine solche Leiblichkeit äußert, würde es nur heißen, daß seine Menschlichkeit stärker sein muß als bei einem anderen, der nur geringere Widerstände erlebt.

In einem Vortrag, den Rudolf Steiner am 21. August 1922 in Oxford gehalten hat (GA 305), sagt er: «Wenn man aus dem Leben heraus Grundsätze aufstellt, weiß man, wie das Leben mannigfaltig ist, wie sich das eine in der allerverschiedensten Weise verwirklicht. Denn selbst die Neger müssen wir als Menschen ansehen, und in ihnen ist ja die menschliche Gestalt in einer ganz anderen Weise verwirklicht als in uns, zum Beispiel.»

Es ist verständlich, daß viele Menschen heute ganz empört reagieren, wenn sie lesen: «... selbst die Neger müssen wir als Menschen ansehen». Ich muß aber dem Leser verraten: Als ich in Südafrika war, habe ich mit innerster Erschütterung erlebt, daß es nicht wenige Weiße gab, die nicht sicher waren, ob die Schwarzen ebenso «ganz» Menschen sind wie die Weißen.

Wenn man solches *erlebt* hat in der *heutigen* Menschheit, kann man vielleicht Menschenliebe in den Worten Rudolf Steiners spüren, wenn er in England seinen Zuhörern zuruft: Auch die Schwarzen *müssen* wir als Menschen ansehen. Wenn der Satz eine Selbstverständlichkeit bei allen seinen Zuhörern gewesen wäre, hätte Rudolf Steiner den Satz nicht zu äußern brauchen.

Der Mensch ist kein höheres Tier

Ich kenne nichts in der modernen Menschheit, außer der Geisteswissenschaft Rudolf Steiners, wo das Berechtigte der Darwinschen Entwicklungstheorie auf klare und einwandfreie Weise vom Dogmatischen in ihr unterschieden wird. Die Naturwissenschaft hat die Entwicklung der *Leibes*arten immer wieder als Entwicklung des Menschen schlechthin aufgefaßt. Die Religion hat immer wieder die Entwicklungstheorie widerlegen wollen – aus demselben Grunde, nämlich weil sie auch die Entwicklung der Leibesformen und die Entwicklung des Menschen als ein und dasselbe betrachtet! Für Rudolf Steiner sind die Entwicklung der Leibesformen und die Entwicklung des Menschen zwei völlig verschiedene Dinge. Der Mensch ist ein geistiges Wesen, und seine direkte, von innen heraus erlebte Wechselwirkung mit der Leiblichkeit fing erst dann an, wenn diese im Laufe ihrer Entwicklung eine menschengemäße Form erlangt hatte.

Zwischen Mensch und Tier gibt es keine *graduellen* Unterschiede. Ein Affe ist nicht ein Tier auf dem Wege zur Menschwerdung, sondern schlechthin ein Tier. Beide – Mensch und Tier – sind geistige Wesenheiten, die von Natur aus grundlegend verschieden sind. Das geistige Wesen einer Tierart ist *gruppenhaft*, wirkt mit ganz derselben Gesetzmäßigkeit – Instinkt genannt – in *allen* Einzelleibern der betreffenden Art. Das Verhalten aller Katzen geht zurück auf eine einzige «Gruppenseele» – so nennt Rudolf Steiner das, was sonst die «Spezies», die Art genannt wird. Beim Menschen gibt es außer einer menschheitlichen Gruppenseele – wodurch jeder Mensch «Mensch» ist in dem Sinne, daß er ein Menschenantlitz trägt, daß er ganz aufrecht stehen und gehen kann, daß er sprechen und denken kann – auch noch dazu einen *individuellen Geist* – das Ich – als geistige Wesenheit, die bei jedem Menschen ganz anders «geartet» ist als bei jedem anderen Menschen. Das Werk der Freiheit besteht in der allmählichen Bewußtwerdung der eigenen Individualität, im Hereinholen der eigenen Einzig-Artigkeit ins tägliche Bewußtsein, um auch in der Betätigung auf dem physischen Plan das zu werden, was man der geistigen Veranlagung nach schon ist.

Der Mensch – das heißt der Menschengeist – hat mit dem Affen – das heißt mit der Gruppenseele oder Spezies der Affen – nichts zu tun. Erst als die zunächst affenähnliche Leiblichkeit eine weitere, menschengemäße Stufe der Entwicklung erlangt hatte, erst da verband sich der Mensch zum ersten Mal mit diesem Leib, der dadurch zum Leib des Menschen gemacht wurde. Bis zu diesem Zeitpunkt existierte der Mensch schon seit dem Beginn der Schöpfung als ein rein geistiges Wesen, das sich noch nicht mit physischer Materie verbunden hatte.

Das Wesen des Affen ist auch nicht im Affen*leib* zu finden: Es ist eine *seelisch-geistige* Wesenheit, eine Gruppenseele, die sich nach ihrem Ebenbild eine physische Leiblichkeit von außen aufbaut, um sie dann zu bewohnen. Auch die Affenseele mußte warten, bis die allmähliche Entwicklung der Leibesformen eine Gestalt erreicht hatte, die «affengemäß» ist. Erst dann verband sich zum ersten Mal die Gruppenseele der Affen mit der Leiblichkeit.

Entwicklungslehre des Leiblichen und des Geistigen

In der Perspektive der Wiederverkörperung wird nicht nur die allmähliche Entwicklung des Leiblichen des Menschen gewürdigt, sondern vor allem die Entwicklung seiner Seele und seines Geistes. Der Entwicklungsunterschied zwischen Affenleib und Menschenleib ist für die *Mensch*werdung jedes Menschen weniger maßgebend als der Entwicklungsunterschied zwischen einem Menschen, der seelisch noch ganz aufgeht im Gruppenseelenhaften seines Stammes oder seines Volkes, und einem Menschen, der als freier Geist über alles Gruppenhafte emporragt und auf ganz individuelle Weise geistig schöpferisch wird.

So lesen wir in Rudolf Steiners «Christentum als mystische Tatsache» (GA 8, im Kapitel über «Die griechischen Weisen vor Plato im Lichte der Mysterienweisheit») folgende Sätze, die leicht mißverstanden werden können: «Wir begreifen die Vollkommenheit, wenn wir sie durch Entwicklung aus dem Unvollkommenen erklären können. Der Bau des Affen ist kein Wunder mehr, wenn wir Urfische als Vorläufer des Affen annehmen dürfen, die sich allmählich gewandelt haben. Bequemen wir uns doch, für den Geist als billig hinzunehmen, was uns der Natur gegenüber als recht erscheint. Soll der vollkommene Geist ebensolche Voraussetzungen haben wie der unvollkommene? Soll Goethe die gleichen Bedingungen haben wie ein beliebiger Hottentotte? So wenig wie ein Fisch die gleichen Voraussetzungen hat wie ein Affe, so wenig hat der Goethesche Geist dieselben geistigen Vorbedingungen wie der des Wilden. Die geistige Ahnenschaft des Goetheschen Geistes ist eine andere als die des wilden Geistes. *Geworden* ist der Geist wie der Leib. Der Geist in Goethe hat mehr Vorfahren als der in dem Wilden. Man nehme die Lehre von der Wiederverkörperung in diesem Sinne. Man wird sie dann nicht mehr ‹unwissenschaftlich› finden.»

Wenn Rudolf Steiner solche Gedanken *heute* niederschriebe, wäre ich der erste, der sich wünschte, er würde einiges *anders* ausdrücken. Ich bin davon überzeugt, daß er es auch tun würde. Er würde dadurch aber nichts *anderes* sagen können, denn was er hier sagt, entspricht nach wie vor der objektiven Wahrheit.

Seine Grundaussage ist, daß beim Menschen der Geist wichtiger und wesentlicher ist als der Leib. Rudolf Steiner vergleicht hier nicht Leib mit Leib, sondern Geist mit Geist. Er vergleicht nicht die Leiblichkeit eines «beliebigen Hottentotten» mit der Leiblichkeit zum Beispiel eines «Deutschen». Nicht im entferntesten wird hier etwa der «blonden Bestie» das Wort geredet, ganz im Gegenteil. Er spricht vom Unterschied zwischen dem «Goetheschen *Geist*» und dem «wilden *Geist*». In diesem Zusammenhang soll auch in der Erwähnung des «beliebigen Hottentotten» die Betonung auf das Wort «beliebigen» gelegt werden: Es wird auf ein inneres Selbsterlebnis hingewiesen, das noch ganz im Gruppenseelenhaften eingebettet ist.

Nichts in den Gedanken Rudolf Steiners kann, objektiv gesehen, als diskriminierend bezeichnet werden. Selbst ein leibhaftiger Hottentotte, der diese Zeilen lesen und voll verstehen würde, dürfte sich nicht ausgeschlossen fühlen, denn es müßte ihm bewußt sein, daß er dadurch *kein* «beliebiger Hottentotte» mehr ist. Er könnte diese Sätze nicht minder als wahr empfinden. Damit ist nicht gesagt, daß es ihm leicht fallen würde.

Warum vergleicht aber Rudolf Steiner nicht den Geist Goethes mit dem eines «beliebigen Deutschen»? Dieser Vergleich wäre auch richtig, aber etwas weniger «wahr» als der andere. Denn jeder, der zur Zeit Rudolf Steiners, dank der Sprache und der entsprechenden Kultur, ein «Deutscher» war, bekam, objektiv betrachtet, mehr an Veranlagung zum rein Menschlichen mit, als ein damaliger «beliebiger Hottentotte». Dies bedeutet keineswegs, daß jeder «Deutsche» mehr als der andere aus der ihm gegebenen Veranlagung machte.

Menschliche und göttliche Verantwortung unterscheiden

Die Unterscheidung zwischen dem Menschen als solchem und der Art der Leiblichkeit, die er jeweils zeitweilig trägt, zeigt ihre Unerläßlichkeit und grundlegende Bedeutsamkeit besonders, wo es darum geht, die ausgestorbenen oder aussterbenden Arten des Leiblichen zu unterscheiden von den Leibesarten, die Träger der jeweils zeitgemäßen Entwicklungsstufe für alle Menschen sind. Wenn gesagt wird, daß eine gewisse Leiblichkeit besser als eine andere das jeweils Zeitgemäße ermöglicht, so bedeutet dies nicht, daß Menschen, die eine andere Leiblichkeit tragen, das Zeitgemäße sich weniger zu eigen machen können. Man könnte sogar sagen: Derjenige, der gleichsam «von außen» sich das Zeitgemäße aneignet, wird dazu mehr an Kräften des Freiheitlichen und des Individuellen aufbringen, als derjenige, der vom Leiblichen her von vornherein «dazugehört».

In diesem Zusammenhang müssen die Aussagen Rudolf Steiners gesehen werden, die sich zum Beispiel auf die «aussterbende» Leibesart der Indianer Amerikas beziehen. Man hat immer wieder Anstoß daran genommen, daß eine Entwicklungslinie von ihm gezeichnet wurde, wo die Indianer-Leiblichkeit in eine Reihe mit der der höheren Säugetiere und der Affen gebracht wird. Dabei wird übersehen, daß die nächste Art der Leiblichkeit, die nicht weniger als die anderen überholt und abgezweigt wird, die der sogenannten Arier ist. Säugetiere, Affen, Indianer, Arier sind hier alle Bezeichnungen für *Leibesarten*, die jeweils als Träger der Entwicklung aussterben und von anderen abgelöst werden. Es handelt sich niemals um «Menschen»: Die Identifikation mit Menschen wird vom heutigen Materialismus, nicht von Rudolf Steiner vollzogen. *Jeder* Mensch geht durch alle menschlichen Leibesarten hindurch und entwickelt sich immer weiter. An allen anderen Leibesarten arbeitet er von außen. Nur die *menschliche* Leibesart wird von ihm von innen heraus bearbeitet.

Wenn eine gewisse Leibesart nicht mehr in Frage kommt für die allgemeine Entwicklung und für die Entwicklung der Menschheit, wird sie von geistigen Wesen, die viel weiter entwickelt sind als der Mensch und die Entwicklung des Menschen in der Hand haben, trotz der genauso notwendigen retardierenden Impulse letztendlich zum Aussterben gebracht. Genau diese Bedeutung hat der folgende Satz, dessen Sachlichkeit viele nicht einsehen können: «Nicht etwa deshalb, weil es den Europäern gefallen hat, ist die indianische Bevölkerung ausgestorben, sondern weil die indianische Bevölkerung die Kräfte erwerben mußte, die sie zum Aussterben führten.» (Vortrag vom 10. Juni 1910, GA 121.)

Dieser Satz hat etwa mit einer Rechtfertigung des Völkermordes nichts zu tun. Wenn man so denkt, dann deswegen, weil die emotionale Empörung das objektive Urteil trübt. Dies geschieht dann, wenn man den Menschen selbst als erste Ursache und einzigen Lenker der Menschheitsentwicklung auffaßt, meistens ohne es zu merken. Die Tatsache, daß ein Volk einem anderen etwas antut, bedeutet noch nicht, daß es die *ausschließliche* Ursache dieses Geschehens ist. Daß es *Mit*ursache ist, leuchtet ein, und die Verantwortung der Freiheit besteht darin, die eigene Verantwortung ernst zu nehmen.

Es ist aber eine tief diskriminierende Anmaßung, sich als alleinige Ursache der Entwicklung schlechthin zu betrachten und sich für sie im absoluten Sinne verantwortlich machen zu wollen. Eine Leibesart, die nach dem Ratschluß der geistigen Führung der Menschheit aussterben muß, stirbt nicht deswegen ab, weil der europäische Mensch es will – dieses zu denken wäre die höchste Steigerung der anmaßenden Diskriminierung und des Rassismus! –, sondern deswegen, weil eine viel höhere Warte der Entscheidung es so will. Die geistige Führung der Menschheit kann sich sehr wohl auch des maßlosen *Egoismus* des weißen Menschen bedienen, um die Menschheitsentwicklung in ihrem Sinne weiterzubringen. Niemals könnte sie aber dem weißen Menschen die Urimpulsierung der Geschichte und die erste Verursachung abtreten.

Es muß hier mit allem Nachdruck darauf hingewiesen werden, daß solche Gedanken sich nur auf das schon Geschehene beziehen dürfen. Wenn sie dagegen auf die Zukunft angewendet werden, bekommen sie die verhängnisvolle Bedeutung, die zu Recht Empörung erregt. Das Schon-Geschehene kann in seiner tieferen Natur nur erfaßt werden, wenn man es in seiner Entwicklungs*notwendigkeit* sieht. Für dasjenige, was noch entstehen muß, ist es umgekehrt: Da weiß der Mensch noch nicht, was sich als «notwendig» erweisen wird, da muß er den Wert auf die Verantwortung seiner *Freiheit* legen. Für diese Freiheit ist das einzig Wichtige, ob er aus Egoismus oder aus Liebe handelt: Das erste ist das moralisch Böse – und keine Entwicklungsnotwendigkeit, die ein für die Gesamtentwicklung noch so Gutes daraus zu machen vermag, wird es zu etwas den Täter entlastenden Gutem machen können –, und das zweite ist und bleibt moralisch gut, unabhängig davon, was die geistige Führung für die ganze Menschheit daraus machen wird.

Zwei Klippen – nicht nur eine! – müssen also hier wachsam umschifft werden. An der einen wird man scheitern, wenn man den Menschen von jeder moralischen Verantwortung entlastet. Dies müßte zum Beispiel derjenige tun, der meint, es gäbe keine objektive Wahrheit und folglich kein objektiv Gutes oder Böses. An der anderen Klippe würde scheitern, wer den Menschen für alles dasjenige direkt – das heißt moralisch – verantwortlich macht, was aus seinen Taten für das allgemeine Weltgeschehen folgt. In diesem Falle müßte man sagen: Wenn die nächste Rasse die alte weiße Rasse nicht zum Absterben bringt, wird diese ihr ewiges Fortbestehen lediglich der Freiheit der zukünftigen Menschen verdanken. Gerade diese Haltung habe ich hier als höchste Anmaßung und als Diskriminierung gekennzeichnet.

Die Wahrheit wird euch frei machen

Die Frage und die Suche nach der Wahrheit ist in der neuzeitlichen Menschheit immer mehr verdrängt worden von der Bemühung, nur ja niemanden zu kränken oder zu beleidigen. Dies bedeutet wiederum, daß die emotionalen Empfindlichkeiten stärker und wichtiger geworden sind als das ehrliche Bestreben, objektive Wahrheit zu suchen und zu finden.

Aber gerade hier sehen wir wieder die geistige Armut der heutigen Menschheit als Folge des Materialismus. Man denkt, man könnte gut ohne Wahrheit leben, wenn man nicht sogar davon überzeugt ist, daß es keine objektive Wahrheit gibt. Man bemerkt nicht, daß kein Mensch glücklich sein kann ohne Streben nach Wahrheit, von dem das Streben nach *wahrer Selbsterkenntnis* nicht zu trennen ist. Zu dieser Selbsterkenntnis gehört wiederum die Erkenntnis der objektiven Wahrheit über die eigene Leiblichkeit als wichtiger Bestandteil des eigenen Karma und des Gesamtwillens des eigenen höheren Ich für die diesmalige Existenz auf der Erde.

Einer der Gründe, warum ich in Rudolf Steiner den einzigen wahren Überwinder des Rassismus sehe, ist der, daß ich aus dem langjährigen Leben mit Menschen aller Rassen zur Überzeugung gekommen bin: Was jeder Mensch in seinem tiefsten Wesen sucht, ist die objektive *Wahrheit* über seinen Leib. Der Grund, warum wir zur Vergleichung der Rassen miteinander und zu ihrer gegenseitigen Bewertung oder Abwertung verleitet werden, liegt in der Tatsache, daß wir kaum das objektive, wahre Wesen der Leiblichkeit überhaupt kennen. Niemals können wir einen Menschen lieben, indem wir ihm Unwahres über seine Leiblichkeit sagen. Denn sein wahres Wesen sucht diese Wahrheit, welche auch immer sie ist.

Eine der wichtigsten Fragen der Selbsterkenntnis ist: Welche Gründe bewegen das wahre Ich eines Menschen dazu, für eine bestimmte Inkarnation eine bestimmte Leiblichkeit auszuwählen, die mehr oder weniger die Erfüllung der Zeitaufgabe oder der eigenen individuellen Lebensmission hindert oder fördert?

Derjenige, der die Geisteswissenschaft Rudolf Steiners erst nur oberflächlich kennt, ist oft viel zu schnell mit der fertigen Antwort, die alles *lediglich aus der Vergangenheit heraus* erklären will: Du bist heute so, weil du in der Vergangenheit dieses oder jenes getan hast.

Das wahre Ich wählt die künftige Leiblichkeit wohl in Harmonie mit der eigenen Gesamtvergangenheit, aber vor allem im Hinblick auf die *künftigen* und positiven Schritte, die dank dieser Leiblichkeit gemacht werden dürfen. Dies bedeutet, daß das wahre Wesen eines jeden Menschen den eigenen Leib freiwillig *wählt und liebt* aufgrund des zukünftigen *Guten*, das die Auseinandersetzung und die Wechselwirkung mit der eigenen Leiblichkeit ermöglichen wird.

Das wahre Ich jedes Menschen liebt die eigene Leiblichkeit nicht weniger aufgrund dessen, was sie erschwert, als aufgrund dessen, was sie erleichtert. Beides muß im Leben sein, sowohl das Leichte wie auch das Schwere. Aber eine größere Möglichkeit zur Weiterentwicklung bietet das Schwere, gerade weil es ein kräftigeres Ringen erfordert. Warum sonst würden sich so viele Individualitäten, ganz unabhängig von Rasse oder Volk, Leiber aussuchen, die chronisch schwach oder kränklich sind? Dies dem Zufall zuzuschreiben oder der blinden «Vererbung», hieße, die Tatsache selbst als blind und sinnlos zu betrachten. Wenn wir sie aber der freien und bejahenden Wahl des vorgeburtlichen Ich zuschreiben, so ergibt sich ihr völlig positiver Sinn als selbstauferlegte Aufgabe. Wenn dies als

Wunschdenken hingestellt wird, so muß ich erwidern: Das Reden von Zufall oder Vererbung ist nicht weniger ein Wunschdenken. Es ist einfach eine andere Interpretation der Tatsachen. Der Unterschied liegt vielmehr darin, daß die eine Interpretation dazu geeignet ist, alle Kräfte zu lähmen und den Menschen in die Resignation zu treiben, die andere dagegen beflügelt den Menschen und ruft die besten Kräfte in ihm wach.

Nur in *diesem* Zusammenhang, der in der Geisteswissenschaft Rudolf Steiners der maßgebende ist, dürfen alle Aussagen Rudolf Steiners verstanden werden, die sich auf Eigenschaften der unterschiedlichen Leibesarten beziehen. Es ist in diesem Rahmen unmöglich – aber auch nicht nötig –, auf alle Einzeläußerungen einzugehen. Sie brauchen nur in ihrer Objektivität genommen zu werden, dann sind sie entweder wahr oder falsch. Niemals aber geht es darum, irgendeinen Menschen als Menschen zu diskriminieren. Aussagen über objektive Eigenschaften einer gewissen Leibesart sind, wie erwähnt, keine Aussagen über den Menschen. Auch die *Volks*eigenschaften haben mit dem einzelnen Menschen nur insoweit zu tun, als dieser das Gruppenhafte – die geistigen Eigenschaften des Volksgeistes – als ausschließlich maßgebend in sich trägt. Als einmaliges Individuum hat er mit den Gruppeneigenschaften des Volkes nichts mehr zu tun.

Den eigenen Leib lieben

So dürfen wir annehmen, daß die tiefste, oft aber verdrängte Sehnsucht eines jeden Menschen, welcher Rasse auch immer sein Leib angehört, die Sehnsucht nach wahrer Liebe zur eigenen Leiblichkeit ist. Denn nur diese tiefe Liebe kann die Leiblichkeit – welche auch immer – in ihrer Positivität erleben und bejahen, so wie das eigene wahre Ich sie erlebt und bejaht.

Der materialistische Mensch von heute könnte meinen, das sei ja gerade das Wesen des Materialismus: die Liebe zur Materie, somit zur Leiblichkeit. Das ist aber eine arge Illusion, denn das wahre Wesen des Materialismus ist im Gegenteil die Geringschätzung der Materie und der Leiblichkeit. Wenn der Leib nicht als Instrument des Geistes erlebt und behandelt wird, wird er zum Selbstzweck degradiert. Das Leben im Rausch des Sinnengenusses oder des Strebens nach irdischer Macht entwürdigt den Leib. Derjenige wird aber den Leib am höchsten schätzen und verehrungsvoll hüten, der ihn als kostbares, unentbehrliches Instrument aller Errungenschaften der Seele und des Geistes auffaßt und erlebt.

Die Gründe, die ein Menschen-Ich dazu bringen, eine besonders schwierige Leiblichkeit zu lieben und für sich zu wählen, sind jeweils ganz individuell. Keine allgemeine Theorie kann dieses Mysterium ergründen. Man müßte das in jedem einzelnen Fall Vorliegende im Geistigen wahrnehmen. Dies ist uns im Normalfall nicht gegönnt, weil wir damit in die Freiheit des anderen eingreifen würden. Sicherlich können in dem einen Fall Versäumnisse in der Vergangenheit vorliegen, die das Schwierige der Gegenwart als besondere Sehnsucht nach Ausgleich erklären. Wer von uns aber kann von sich sagen, er habe nichts versäumt? Wer von uns kann sagen, er habe am Versäumen des anderen keinen Anteil gehabt?

Ein Mensch kann sich vielleicht eine schwierige Leiblichkeit auswählen, weil er sich mehr zumuten und zutrauen kann als andere, die nicht so weit fortgeschritten sind wie er. Aber so oder so: Ganz unabhängig von der Entwicklungsstufe ist der Inkarnationswille bei jedem Menschen der positive Wille zur weiteren Entwicklung. Wichtig ist niemals, welchen Leib ein Mensch trägt. Wichtig ist, was er daraus macht, oder besser gesagt: was er dank seiner Leiblichkeit in seinem geistig-seelischen Wesen wird.

Weniger wichtig ist die Entwicklungsstufe eines Menschen, als daß er weiterkomme und daß ihm mit allen Mitteln geholfen werde, weiterzukommen. Der Wille des wahren Ich eines jeden Menschen ist niemals fixiert auf die Vergangenheit, sondern dynamisch auf die Zukunft hin orientiert.

Rudolf Steiner hat einmal in London erzählt, daß das Wesen der Liebe, das im Christentum als «Christus» bezeichnet wird, schon so entscheidend in der Menschheit und in gewissen Menschen gewirkt hat, daß es schon jetzt Menschen gibt – und sie werden in der Zukunft immer zahlreicher werden –, die kurz vor der Verkörperung, in der Vorschau des bevorstehenden Lebens, den Entschluß fassen, die für sich selbst vorbereitete Leiblichkeit *dem* Menschen zu schenken, den die eigene Fortentwicklung am meisten Nachteile gekostet hat, und dessen Leiblichkeit für sich in Anspruch zu nehmen.

So wie das Wesen der Liebe auf seine vorzüglichere, lichtvolle Sonnenleiblichkeit verzichtet hat, um aus der Erde – aus *unserer* schwerbelasteten Gesamtleiblichkeit – seinen Leib zu bilden, so besteht die Menschenliebe jedes höheren Ich darin, daß es den festen Willensentschluß faßt, *alle* Leiblichkeit zu läutern und zu verwandeln, damit sie zum reinen Auferstehungsleib aller Menschengeister werde.

Das moralische Kriterium, das uns dienen kann, um den guten Umgang mit aller Leiblichkeit vom bösen zu unterscheiden, kann so ausgedrückt werden: Gut ist jede Art des Umgangs mit der Leiblichkeit, die diese zum Diener des Menschengeistes – des Menschen – macht. Böse ist jeder Umgang mit dem Leib, wodurch der Menschengeist mehr und mehr die eigene Ohnmacht dem Leiblichen gegenüber erlebt. Wo dieser Geist so geschwächt und die Leiblichkeit so verschlechtert wird, daß der Mensch zum Sklaven der Determinismen der Natur gemacht wird, wird der abgründigste Rassismus betrieben.

Rudolf Steiner spricht von drei Grundphänomenen des Materialismus, die er nennt: die Mechanisierung des Geistes, die Vegetarisierung der Seele, die Animalisierung des Leibes. Diese drei Phänomene bedingen sich gegenseitig. Die Entwicklungsaufgabe des Menschen den Tieren gegenüber besteht darin, daß er den von ihnen empfangenen Tierleib immer mehr «vermenschlicht». Wenn er umgekehrt seinen Geist immer mehr «vertiert», betreibt er den schlimmsten Rassismus den Tieren gegenüber. Ob der Alptraum BSE, der «Rinderwahnsinn», ihm das wird beibringen können? Ob er verstehen wird, daß sein kosmischer Gegendienst dem von den Tieren empfangenen Dienst gegenüber darin besteht, daß er ihnen dient, statt sich ihrer rücksichtslos zu «bedienen»?

Diese innere Haltung des Dienen-Wollens beschreibt Rudolf Steiner als die Christus-Haltung der *Fußwaschung*. Derjenige, der *wirklich* weiter fortgeschritten ist in der

Entwicklung – wie das Wesen der Liebe uns allen gegenüber –, versteht das «Zurückbleiben» anderer Wesen als Liebesopfer, wodurch diese ihm Möglichkeiten zur weiteren Entwicklung geboten haben, indem sie selbst darauf verzichteten. Die einzig richtige Haltung dem Opfer des Zurückgebliebenen gegenüber ist die Dankbarkeit im Bewußtsein der moralischen Verantwortung, alles zurückzuschenken, was man empfangen hat.

Schuld und Dankbarkeit

Im Umgang mit Menschen anderer Rassen erlebt der Mensch immer wieder Überlegenheits- oder Minderwertigkeitsgefühle, aber auch – besonders empfindsamere Menschen – tiefe Schuld- und Schamgefühle. Diese letzteren scheinen zunächst die Reaktion auf die ersteren zu sein: Man fühlt sich schuldig oder man schämt sich, weil man sich dabei ertappt, zu denken, man wäre besser oder schlechter als der andere – einfach wegen der eigenen Leiblichkeit. Dabei sagt einem das tiefere Gewissen, daß der wahre Wert eines jeden Menschen, wie erwähnt, nicht in dem liegt, was er von Natur aus *ist*, sondern in dem, was er durch Übung der individuellen Freiheit *wird*.

Aber es gibt noch etwas anderes, was die Schuldgefühle und das innere Unbehagen uns verraten wollen. Es ist das tiefe, aber reale *Verschuldet-Sein*, das jeden Menschen mit jedem Menschen verbindet. Das Anderssein des anderen ist nicht nur seine, sondern auch meine Sache. Nur in der Illusion der materiellen Welt und ihrer Verabsolutierung sind wir zwei getrennte Wesen. Im Übersinnlichen, in der Wirklichkeit des Karma habe ich durch Jahrtausende an seinem Wesen, er an meinem mitgearbeitet. Die Entwicklungschancen, die ich genossen habe, hat er mir geschenkt dadurch, daß er sie nicht für sich in Anspruch genommen hat. Nicht alle können alles gleichzeitig in Anspruch nehmen. Das gilt nicht nur für mich dem anderen gegenüber, sondern auch umgekehrt: Was *ihm* zugute gekommen ist, hat er nicht weniger aus der Fülle der Menschheit genommen, und ich war dabei, um es ihm mit Freuden zu schenken durch eigenen Verzicht darauf. Zugunsten der etwa zwanzig Kinder, die den allerbesten Lehrer der Welt haben, müssen *alle* anderen Kinder auf ihn verzichten.

Erst eine Bewußtwerdung der Gesetze des Karma ermöglicht solche Gedanken. Sie stellen die Art und Weise dar, wie durch die Geisteswissenschaft Rudolf Steiners der Rassismus real überwunden wird. Hier wird nochmals deutlich, daß die wahre Lösung nicht in der Leugnung oder Ignorierung der objektiven leiblichen Unterschiede liegt, sondern im Erfassen ihres positiven Entwicklungssinnes.

Das allgemeine Gesetz des Karma lautet: Liebe deinen Nächsten, er ist du! In der Begegnung zwischen Mensch und Mensch entsteht beiderseits durch diese innere Haltung tiefe Dankbarkeit für die unendlichen Gaben, die jeder vom anderen empfangen hat. Jeder erlebt tiefe moralische Verantwortung auf die Zukunft hin durch das Bestreben, mit Gegengaben alle Gaben zu vergelten, denn die beste Haltung der karmischen Schuld gegenüber sind nicht die Schuldgefühle – als ob wir die Güte der anderen nicht anerkennen wollten, die uns so reich beschenkt haben –, sondern die Dankbarkeit der All-Liebe gegenüber!

Wenn diese zwei Haltungen gepflegt werden in jeder Begegnung – Dankbarkeit für das Vergangene und Verantwortung für die Zukunft –, vereinigen sich diese zwei Empfindungen in der Kraft der *Liebe.* Nur wenn wir den anderen zutiefst aus dem Bewußtsein des gemeinsamen Karma heraus lieben, werden wir alle Gefühle der Überlegenheit oder der Minderwertigkeit, aber auch alle negativen Gefühle der Schuld oder der Scham überwinden können.

Liebe zum Erdenleib mehr als zum Blut

Die Intensivierung der Kräfte der Liebe wird laut Rudolf Steiner in der Zukunft darin bestehen, daß kein Mensch die Leiblichkeit des anderen als eine ihm fremde wird ansehen können. Jeder Mensch wird lernen, liebevolle Verantwortung für die gesamte irdische Leiblichkeit – als die Grundlage für die menschliche Leiblichkeit – zu übernehmen. Die Liebe zur Erde wird, in der Nachfolge des Wesens der Liebe, dem Menschen wichtiger als die Liebe zum eigenen Leib. Die Menschheit als geistiger Leib des Wesens der Liebe wird erfahrbar gemacht in der Verantwortung seinem Erdenleib gegenüber als dem Leib der ganzen, einheitlichen Menschheit.

Auch hierzu hat Rudolf Steiner etwas zu sagen, was die tiefsten Mysterien des Christentums und aller wahren Religion berührt. Er schildert, daß die Zeit schon vorüber ist, in der der Mensch – wie in der Zeit der Griechen und der Römer – den Blut- und Vererbungsstrom als den wichtigsten Inkarnationsfaktor angesehen hat.

Die moderne Wissenschaft täuscht sich, wenn sie dem Vererbungsstrom als solchem, den leiblichen Eigenschaften der Eltern, eine hauptsächliche oder sogar ausschließliche Kausalität im Hinblick auf das neugeborene Wesen zuschreibt. Nichts wird in Wirklichkeit von seiten der Materie «ver-erbt». Im befruchteten Ei wird Materie chaotisiert, das heißt jeder Formkraft entäußert, die von den Eltern stammt. Die Formkräfte des sich inkarnierenden Menschenwesens stellen sich an deren Platz und gestalten die neue Leiblichkeit. Die leibliche Ähnlichkeit ist ebensowenig einer horizontalen Kausalität zuzuschreiben, als vielmehr der Tatsache, daß das sich inkarnierende Ich, dank der langbestehenden karmischen Beziehung mit den künftigen Eltern, viele *geistige* Eigenschaften – viele Formkräfte – in sich trägt, die denen der Eltern ähnlich sind und daher, als Wirkung, die Materie auf ähnliche Weise gestaltet.

Die Frage, warum ein Kind viele Eigenschaften von den Eltern übernimmt, ist scheinbar leicht beantwortet. Da braucht man doch nur das Bestehen der Verwandtschaft festzustellen. Damit ist aber noch nicht erklärt, wie und warum diese Verwandtschaft überhaupt entstanden ist. Das Bestehende braucht man nur festzustellen und zu beschreiben. Das Entstehen als solches muß man kausal erklären. Wenn wir es als feststehende Tatsache nehmen, daß dieses Kind diese Eltern hat, so folgt selbstverständlich die Ähnlichkeit daraus. Viel schwieriger ist aber die Antwort auf die Frage: Warum hat dieses Kind diese Eltern bekommen *und nicht andere*? Die heutige Wissenschaft ist oft nicht einmal so weit, daß sie *diese Frage* als wissenschaftlich zulässig ansehen kann. Warum nicht? Weil sie absolut keine Antwort darauf zu geben weiß.

In der Perspektive der Wiederverkörperung sagt sich der Mensch vor seiner Inkarnation: Die Menschheit insgesamt wird nicht bessere Menschenleiber aufbauen können, als es die Gesamtleiblichkeit der Erde, aus deren Formkräften er seinen Leib aufbauen muß, erlauben kann. Es wäre egoistische Illusion, irgendeinen Sondervorteil für die eigene Leiblichkeit anzustreben, ohne die positive Entwicklung des Leibes der ganzen Erde zu fördern. Aus diesem Grunde wird es dem Sich-Inkarnierenden immer wichtiger, in welche Wechselwirkung mit den allgemeinen *Erden*kräften er durch die Inkarnation hineinkommt, als die besondere menschliche Vererbungsströmung, die er sich zu eigen macht.

Rudolf Steiner: «... die Seelen richten sich seit diesem 15. Jahrhundert nicht mehr nach den Rasseneigentümlichkeiten, sondern wiederum nach den geographischen Verhältnissen, nach dem Klima, nach dem, ob da unten Ebene, ob da Gebirge ist. Die Seelen kümmern sich seit dem 15. Jahrhundert immer weniger darum, wie die Menschen rassengemäß aussehen; sie richten sich mehr nach den geographischen Verhältnissen. So daß es heute in der über die Erde hin ausgebreiteten Menschheit etwas gibt, wie einen Zwiespalt zwischen dem angeerbten Rassenmäßigen und dem Seelischen, das aus der geistigen Welt kommt. Und würden die heutigen Menschen mehr ihr Unterbewußtes wirklich ins Bewußtsein bringen können, dann würden sich heute die wenigsten Menschen – wenn ich mich trivial ausdrücken darf – in ihrer Haut wohlfühlen. Die meisten Menschen würden heute sagen: Ich bin doch heruntergestiegen auf die Erde, um in der Ebene zu leben, unter Grünem oder über Grünem, um dieses oder jenes Klima zu haben, und im Grunde genommen ist es mir gar nicht so besonders wichtig, daß ich ein romanisch oder ein germanisch aussehendes Gesicht trage.» (Vortrag vom 13. April 1919, GA 190.)

Für den Menschengeist, der sich inkarnieren will, ist die Erde nicht etwas Totes. Sie ist für ihn im realsten Sinne der Leib des Wesens der Liebe. Dieser Leib hält sein Leben aufrecht durch unendliche Scharen von Naturgeistern, und die Erde ist beseelt von den unterschiedlichsten Dienern der höheren Engel-Hierarchien.

Die tiefere Sehnsucht des Menschen, der sich heute inkarniert, ist die Überwindung des allgemein herrschenden Materialismus. Er birgt in sich den Willen, die Erde nicht nur als Materie zu erleben, sondern als kosmischen Begegnungsort aller Wesen der Weisheit und der Liebe. In dieser Überwindung des Materialismus durch Liebe zur Erde und zur Menschheit liegt zugleich die Überwindung jeder rassistischen Haltung. Alle Menschen werden allmählich *eines* Leibes in der Verwandlung des irdischen Leibes der Sonderung in einen Sonnenleib der Liebe, der alle Menschen zu einem einzigen geistigen Organismus macht.

In der Zukunft nur zwei moralische Rassen

Rudolf Steiner spricht wiederholt davon, daß es in der Zukunft nur noch zwei Rassen geben wird, und das werden keine leiblichen, sondern moralische Rassen sein. Dies aufgrund der Tatsache, daß immer mehr das Moralische – das Geistig-Seelische – maßgebend sein wird, im Gegensatz zum Leiblich-Physischen, das lediglich in der ersten Hälfte der Erdenentwicklung die führende Rolle innehatte, um dem Moralischen erst die natürlichen Grundlagen und Bedingungen zu schaffen.

Auch den Gedanken einer Spaltung in der Entwicklung der Menschheit empfinden viele als unerträgliche Diskriminierung. Allein, wenn alle Menschen gleich «gut» enden müßten, wäre die Freiheit zerstört, und das Gute wäre kein moralisches, sondern wiederum Sache einer Naturnotwendigkeit.

Worin unterscheiden sich also die Guten von den Bösen? Am allermeisten in der Beziehung zur Leiblichkeit sowohl des Menschen wie auch der Erde und der Natur mit ihrem Tier-, Pflanzen- und Mineralreich.

Böse ist die Beziehung zum Leiblichen, wenn der Mensch als potentieller freier Geist von seiner Freiheit abdankt und zurückfällt in die Gesetzmäßigkeit des Naturnotwendigen. Das Böse besteht unter anderem darin, daß die Betonung der Leiblichkeit dasjenige in den Vordergrund stellt, was die Menschen voneinander sondert und gegeneinander aufstellt. Gut ist dagegen die Beziehung zum Leiblichen der Erde in dem Maße, in dem alles Natürliche aufgenommen wird in die Freiheit des Geistes. Denn gut ist der Geist, der alle Menschen zu vereinigen vermag in der Entwicklungsaufgabe der Freiheit und der Liebe: der Auferstehung des Fleisches und der Erschaffung einer neuen Erde.

* * *

Anhang

Aus einem Vortrag Rudolf Steiners, gehalten in Bern am 9. Januar 1916, enthalten im Band 165 der Gesamtausgabe (auch als Einzelausgabe erhältlich), mit dem Titel: «Die geistige Vereinigung der Menschheit durch den Christus-Impuls»:

«Das war die im regelmäßigen Gang der Menschheitsentwickelung fortgehende Entwickelungstendenz. Dagegen haben sich Luzifer und Ahriman gesträubt. Sie haben die ganze Sache so eingeleitet, daß die Entwickelungen sich verschoben haben, so daß, während eigentlich die Entwickelung so veranlagt war, daß im wesentlichen *eine* Form von Menschen hätte erscheinen sollen in der fünften atlantischen Periode, und diese dann sich hätte nach und nach umwandeln sollen in eine andere Form von Menschen, erhielten Luzifer und Ahriman die Form der fünften atlantischen Periode in die sechste hinein, und wiederum von der sechsten atlantischen Periode in die siebente hinein, und wiederum herüber über die atlantische Überflutung. So daß eigentlich dasjenige, was hätte vergehen sollen in der Form, geblieben ist, und statt daß die Rassenunterschiede sich nacheinander entwickelt hätten, wie es hätte geschehen sollen, sind die alten Rassenformen geblieben, stationär geblieben, und die neueren haben sich gleichsam hineingeschoben, so daß sich ein Nebeneinander entwickelt hat, statt eines Nacheinander, das eigentlich bestimmt war. Und so entstand das, daß nun überhaupt solche physisch verschiedenen Rassen die Erde bevölkerten und bis in unsere Zeit herein bevölkern, während also diese Entwickelung hätte so ablaufen sollen, wie ich es geschildert habe. (...)

Wir sehen also, daß die Iche der Menschen, die eigentlichen Individualitäten dann durchgegangen wären in den aufeinanderfolgenden Zeiten durch diese verschiedenen Gestaltungen. Unsere Iche wären in der fünften atlantischen Periode durch eine Menschenform gegangen, in der sechsten durch eine Menschenform gegangen, in der siebenten durch eine andere, in der ersten nachatlantischen Periode wieder durch eine andere und so weiter. Man würde diese aufeinanderfolgenden Menschentypen, Menschengestaltungen nach und nach absolviert haben. Und so war es eigentlich veranlagt, daß die Menschen auf diese Weise dasjenige absolviert hätten, was notwendig war zur Schulung der menschlichen Individualität, was notwendig war an Durchgang durch verschiedene Äthergestaltungen, die dann auf die physische Gestaltung unterscheidend gewirkt hätten, daß das alles durchgemacht worden wäre. In der Tat hätte auftreten können ein Menschentypus auf der Erde – das war ursprünglich veranlagt –, welcher das Ergebnis sieben hintereinander folgender Entwickelungsperioden gewesen wäre, die je etwas zugelegt hätten zur Vollkommenheit. Und die fünfte nachatlantische Periode wäre schon so gewesen, daß ein harmonischer Menschentypus über die ganze Erde hin bestimmt war.

Das haben Luzifer und Ahriman vereitelt. Nichts anderes war möglich, als daß die Griechen träumten von einem idealen, außermenschlichen Formtypus, den sie auf die verschiedene Weise – auf die Apolloweise, auf die Zeusweise, auf die Atheneweise und so weiter – zu formen trachteten. Sie haben ihn nicht vollständig umfaßt, weil er nicht in der Wirklichkeit da war. Aber man kann, wenn man ein Empfinden für die griechische Plastik hat, fühlen, wie das Griechentum träumt von dem, was an einheitlichem, vollkommenem, schönem Menschentypus hätte entstehen sollen. Daß das nicht so gekommen ist, das haben Luzifer und Ahriman dadurch verhindert, daß sie die einmal entstandenen Rassenformen immer bewahrt haben, so daß aus dem Nacheinander ein Nebeneinander entstanden ist.

So stand die Menschenentwickelung in der vierten nachatlantischen Periode, der griechisch-lateinischen Zeit, vor der Tatsache, daß durch den luziferisch-ahrimanischen Einfluß nicht hat erreicht werden können, wozu die die Erde impulsierenden Götter diese Erde in bezug auf die äußeren Formen eigentlich bestimmt haben. Die Geister aus der Hierarchie der Form haben bewirken wollen, daß aus dem Zusammenwirken der verschiedenen Hierarchien der Form dieser vollkommene Menschentypus an physischer Ausgestaltung hätte wirklich entstehen können. So konnten die Griechen nur von ihm träumen, konnten ihn nur in der Kunst ausleben. (...)

Aber damit war auch die Zeit gekommen, wo durch den luziferisch-ahrimanischen Einfluß gewissermaßen die Menschheit an eine Krisis gekommen ist. Luzifer und Ahriman haben einmal bewirkt, daß die Rassen, statt hintereinander lebend, nebeneinander lebend lebendig wurden.

Aber zu gleicher Zeit waren auch herabgelähmt alle diejenigen Kräfte, die ursprünglich die formenden Geister, die Geister der Form in die Menschheitsentwickelung der Erde hineingegossen haben. Nichts *mehr* konnten sie machen, als die griechische Phantasie so zu befruchten, daß sie das ist, was ich auseinandergesetzt habe. Es standen gewissermaßen die Geister der Form vor der Notwendigkeit, sich zu sagen: Soll jetzt das Menschengeschlecht sich so weiterentwickeln, daß nimmermehr die Menschen sich zusammenfinden in der Erdenentwickelung? – Denn so hätte es kommen müssen. Wäre die Erdenentwickelung nun von der vierten Periode, der griechisch-lateinischen Zeit an einfach weitergegangen, so wäre sie auseinandergefallen in eine Siebenheit, bewirkt durch luziferische und ahrimanische Kräfte, in sieben Menschengruppen auf der Erde, die auseinandergefallen wären, so verschieden, wie die einzelnen Tiergruppen auseinanderfallen. Wie sich die einzelnen Tiergruppen gegenseitig nicht verstehen, sondern sich untereinander als andere Wesen ansehen, so hätte sich gegen das Ende der vierten Kulturperiode, der griechisch-lateinischen Zeit, und vom fünften Zeitalter an, in dem wir leben, immer mehr und mehr die Anschauung entwickeln müssen – man würde jetzt noch drinnenstehen, es wäre noch nicht bis zur äußersten Vollkommenheit gekommen, was hier die äußerste Unvollkommenheit eigentlich bedeutet, aber es hätte auf der Erde dazu kommen müssen nach und nach –, daß sich auf der Erde sieben Menschengruppen allmählich gebildet hätten, die sich gegenseitig als ganz andere Wesen angeschaut hätten. Der Name ‹Mensch› für alle Menschen auf der Erde hätte sich gar nicht als der rechte erwiesen, sondern man hätte Bezeichnungen gehabt, sieben Bezeichnungen für sieben verschiedene Wesensgruppen auf der Erde, nicht eine einheitliche Bezeichnung für den Menschen über die Erde hin.

Es handelte sich darum, daß gerade in dieser vierten nachatlantischen Periode, dieser griechisch-lateinischen Zeit, gewissermaßen eine Vorkehrung getroffen wurde im Weltenall, damit das so, wie es drohte, sich dennoch im weiteren Verlauf der Erdenentwickelung nicht vollziehen könne, damit nicht kommen könne einstmals der Moment – wenn die Erde am Zielpunkt ihrer Entwickelung angekommen ist –, wo sieben Gruppen von Wesen die Erde bewohnen, die verschieden benannt werden, wie verschiedene Tiergattungen verschieden benannt werden, die sich nicht als gleich betrachten, und auf die höchstens übergegangen wäre irgendeine Nachbildung griechischer Formen, wie die der Zeusgestalt, der Apollogestalt, die als etwas Fremdes angesehen worden wären, als etwas, was es niemals auf der Erde hätte geben können. Gegen diese Entwickelung mußte eine Vorkehrung getroffen werden. Aber die physische Entwickelung war schon zu weit vorgeschritten, an der konnte man nichts mehr ändern. So mußte mit Bezug auf den Ätherleib des Menschen eine Vorkehrung getroffen werden. In den Ätherleib des Menschen mußte ein Impuls hineinkommen, welcher entgegenwirkt dieser Zersplitterung der Erdenmenschheit in eine Siebenheit. Und dieser Impuls, der bestimmt war im Weltenplan, dieser Zersplitterung der Erdenmenschheit entgegenzuwirken, dieser Impuls, der bestimmt war, möglich zu machen, daß der Menschenname über die ganze Erde hin eine reale Bedeutung behalte und wohl auch noch immer mehr und mehr annehmen wird, dieser Impuls ist – und da kommen wir auf einen neuen Gesichtspunkt dieser Tatsache – das Mysterium von Golgatha. Der erste Versuch gewissermaßen, der mit der Erdenmenschheit gemacht worden war, bevor der luziferisch-ahrimanische Impuls in die Erdenentwickelung eingegriffen hat, der war der, durch die Gestaltung des physischen Leibes Einheit zu schaffen über die ganze Erde hin in der Menschheit. Dieser Versuch der Geister der Form ist mißlungen. Er ist mißlungen durch den luziferisch-ahrimanischen Einfluß. Aber er durfte nicht in seiner Totalität mißlingen, es mußte etwas vorgekehrt werden, wodurch dasjenige, was Ahriman und Luzifer bewirkt haben, wiederum paralysiert werden kann, ausgeglichen werden kann. Auf den physischen Leib konnte man nicht mehr so wirken, wie es ursprünglich beabsichtigt war. Aber auf den Ätherleib sollte so gewirkt werden. Und das geschah dadurch, daß jenes geistig-göttliche Wesen, von dem wir so oftmals gesprochen haben, das Christus-Wesen, sich mit der menschheitlichen Gestalt in derjenigen Zeit der menschheitlichen Entwickelung vereinigte, in der noch am meisten die Möglichkeit vorhanden war, den Urtypus der Menschheit festzuhalten. (...)

In der äußeren Natur des Menschen wirken die guten geistigen Wesenheiten mit Luzifer und Ahriman zusammen. Dasjenige aber, was dem Menschen ursprünglich beim physischen Erdenanfang vorgesetzt war, von außen zu haben: Gleichheit über die ganze Erde hin, Möglichkeit des Menschennamens über die ganze Erde hin, das sollte durch den Christus-Geist nun von dem innersten Wesen des Menschen aus diesem Menschen gebracht werden. Das war eines aus der viel-, vielsinnigen Bedeutung des Mysteriums von Golgatha, daß mit dem Christus-Geiste der Erde etwas gegeben wurde, was, wenn es im richtigen Sinne verstanden wird, den Menschennamen wiederum möglich macht über die ganze Erdenmenschheit hin. Wenn dasjenige, was wirklich Inhalt des Christentums ist, was zum Teil schon geoffenbart ist durch das Christentum, was diejenigen erkunden werden, die mit Hinblick auf den Christus suchen werden in der geistigen Welt dasjenige, was der Christus fortwährend offenbart nach seinem Wort: ‹Ich bin bei euch alle Tage bis ans Ende der Erdenzeiten›, wenn dasjenige nach und nach weiter herauskommt, was im Namen des Christus der Menschheit von innen heraus mitgeteilt werden kann, dann wird immer mehr dasjenige, was durch Luzifer und Ahriman in der Erdenmenschheit bewirkt worden ist, ausgeglichen werden können. (...)

Diese Gegnerschaften haben sich die guten Götter einst selber geschaffen, allerdings in einer vorigen Zeit, damit auf diese Weise sie ihre volle Kraft einsetzen können für diejenige Entwickelungsrichtung, die ich angedeutet habe. Damit da die Freiheit hineinkommen kann, damit der Mensch nicht durch äußere Anordnung der Formen zu einer unfreien Liebe kommen kann, haben sie das luziferische und ahrimanische Element aufgenommen, damit der Mensch von innen heraus zu einer Einheitlichkeit des Menschennamens über die ganze Erde hin kommen kann, von innen heraus. Sie haben erst die Menschen, ich möchte sagen, zersplittern lassen durch die Gegnerschaft, damit sie ihnen dann, nachdem die Leiblichkeit zersplittert war, in der Geistigkeit, in dem Christus, wiederum die Einheit geben konnten.

Und das ist auch mit der Sinn des Mysteriums von Golgatha, die Eroberung der Einheit der Menschen von innen heraus. Verschieden werden die Menschen immer mehr und mehr in bezug auf das Äußere, und das wird gerade bewirken, daß nicht Einförmigkeit, sondern Mannigfaltigkeit ist über die Erde hin. Das wird bewirken, daß die Menschen um so mehr Kraft anwenden müssen von innen heraus, um zur Einheit zu kommen. Rückschläge gegen diese Einheit des Menschen über die ganze Erde hin wird es immer geben. Wir sehen solche Rückschläge auftauchen. Dasjenige, was eigentlich für eine frühere Zeitepoche bestimmt war, erhält sich in eine spätere Zeitepoche hinein. Dasjenige, was bestimmt war, Verschiedenheit zu bewirken für einen bestimmten Zeitraum, stellt sich nebeneinander. Die Menschen bilden verschiedene Gruppen, und während sie sich ihre Einheit über die Erde erobern durch den Christus-Namen, durch den Christus-Impuls, bleibt die Verschiedenheit als Nachschläge vorhanden und wird immer vorhanden bleiben, indem die Menschen nur nach und nach sich ihre Einheit werden erobern können, und immer daneben die einzelnen Menschengruppen sich bis aufs Blut bekämpfen werden in bezug auf alles äußere Leben. Nachschläge sind da aus früheren Zeiten, die im Grunde genommen gegen den Christus-Impuls, nicht mit dem Christus-Impuls laufen.

Allerdings, eine tiefe, tiefe Bedeutung dieses Christus-Impulses geht uns da auf. Aus wirklicher Erkenntnis heraus können wir sagen: Der Christus ist der Erretter der Menschheit von der Zersplitterung in Gruppen. Daß das noch nicht vollständig eingesehen werden kann von der ganzen Menschheit, das rührt eben davon her, daß das Alte nebeneinander sich erhalten hat. Wenn wir heute sehen, wie wenig noch einer der Nerven, die Gemeinsamkeit des

Lebens im Christus-Impuls, von der Menschheit verstanden wird, dann hängt dies damit zusammen, daß dieses Begreifen von dem innersten Wesen des Menschen heraus ausgehen muß. Man muß sich darüber klarwerden, wie eigentlich in den nahezu zwei Jahrtausenden, in denen der Christus-Impuls innerhalb der Erdenaura wirkt, dieser Christus-Impuls unverstanden gewirkt hat. Denn vollständig verstanden werden kann er, wie wir oftmals hervorgehoben haben, erst durch dasjenige, was uns die Geisteswissenschaft erobert. (...)

Dann ist es notwendig, daß man die ganze Bedeutung der Geister der Form aufnimmt, wie diese Geister der Form haben ausbilden wollen ein einheitliches Menschengeschlecht, das sie aber gleichsam versuchen wollten in sieben aufeinanderfolgenden Stufen auszubilden, und wie dieses einheitliche Menschengeschlecht zersplittert worden ist durch Luzifer-Ahriman, und wie durch den Christus-Impuls von innen heraus belebt worden ist diejenige Kraft, die trotz aller äußeren Verschiedenheit den einheitlichen Menschennamen sinnvoll über die ganze Erde hin ausbreiten will bis zum Ende der Erdenzeit.

Zu verstehen, wie der Christus mitten darinsteht zwischen Luzifer und Ahriman, was er bedeutet gegenüber Luzifer und Ahriman, das ist eine der Hauptaufgaben der nächsten Zukunft. Daher wird immer wieder und wiederum in der menschlichen Betrachtung das auftreten müssen, daß man Luzifer und Ahriman nennt und den Christus-Impuls als das sie Bekämpfende, als das, was die Erde rettet von dem einseitigen luziferisch-ahrimanischen Impuls. Das wird in dieser Form immer mehr dargestellt werden müssen. (...)

Das wollte ich vorzugsweise klarmachen, daß der Christus im Laufe der Erdenentwickelung derjenige Geist aus dem Weltenall war, der auf geistige Weise dasjenige gebracht hat, was zwar auf äußere Formweise veranlagt werden mußte, was aber auf diese äußere Formweise nicht hat zu Ende kommen können, weil sonst der Mensch ein Automat der Liebe und der Menschengleichheit geworden wäre. Auf dem physischen Plan ist es einmal ein Grundgesetz, daß alles durch Gegensätzlichkeiten, alles durch Polaritäten wirken muß. Nicht hat einfach, wie eben eine kindliche Menschenweisheit sagen könnte, das göttliche Wirken heruntersenden können gleich im Anfange der Erdenentwickelung den Christus, denn dann wäre dieser Gegensatz des äußeren Zerstreuens und des inneren Sammelns nimmermehr entstanden. Unter diesem Gegensatz, unter dieser Polarität muß aber die Menschheit leben. Dann bringt man dem Christus die richtigen Empfindungen entgegen, so daß er immer mehr werden kann dasjenige Wesen, das unser eigenes Ich im Innersten ausfüllt, wenn man ihn ansieht als den Erretter der Erdenmenschheit aus der Zerstreuung heraus. Überall, wo man wirklich diese Vereinigung der ganzen Menschheit durch den Christus über die Erde hin aufzufassen in der Lage ist, da ist Christentum. Es wird in der Zukunft wenig davon abhängen, ob dasjenige, was der Christus ist, auch noch der Christus geheißen wird, aber davon wird viel abhängen, daß man in dem Christus den Vereinheitlicher der ganzen Menschheit auf einem geistigen Wege sucht und daß man sich abfindet mit dem Gedanken, daß äußere Mannigfaltigkeit immer größer und größer werden wird in der Welt.

Aber man wird sich auch damit abfinden müssen, daß noch viele Rückschläge gegen diese geistige Erfassung des Christus-Impulses kommen. Dasjenige, was statt nacheinander nebeneinander aufgetreten ist, wird noch lange, lange auf der Erde Kräfte entfachen, die gegen eine geistige Erfassung der Menschheitsgleichheit über die ganze Erde hin ankämpfen. Das wird noch viele, viele furchtbare Stürme geben, und zum großen Teil haben diese Stürme den Sinn, den luziferisch-ahrimanischen Kampf fortzusetzen gegen den Christus-Impuls. Und es wird eine der größten, eine der schönsten, der bedeutendsten Errungenschaften sein, wenn wir schon in unserer Zeit wenigstens ein kleines Häuflein von Menschen sein können, die Verständnis für diesen Vereinheitlichungsgedanken der ganzen Menschheit haben, Verständnis dafür, wie luziferisch-ahrimanische Zurückgebliebenheiten auf der Erde Spezielles erstreben in einzelnen Menschengruppen mit Ausschluß anderer Menschengruppen. Es ist wirklich schwierig, heute schon ein letztes Wort über diese Dinge zu sagen. Ein letztes Wort über diese Dinge gesprochen, würde heute, so wie die Menschenherzen einmal sind, eher aufreizend, eher bestürzend wirken, eher Widerstand, vielleicht sogar Haß und Schmähung herausfordern, als daß es im Sinne des Christus-Impulses wirkte. Aber so viel eben gesagt werden kann über dieses Prinzip im Christus-Impuls, das die Errettung der Menschheit aus der leiblichen Zersplitterung in die geistige Vereinheitlichung hinein ist, das muß ausgesprochen werden, denn das muß wirksam und immer wirksamer werden innerhalb der Menschheitsentwickelung. Ruhig und mutig muß man entgegengehen können der Vermannigfaltigung der Menschennatur, weil man weiß, man kann in alle die menschlichen Verschiedenheiten hinein ein Wort tragen, das nicht nur ein Wort des Sprechens, sondern das ein Wort der Kraft ist. Mögen Gruppen, die sich gegenseitig bekämpfen, innerhalb des Erdendaseins auftreten, mögen wir der einen oder der andern dieser Gruppen angehören, wissen können wir, daß wir in jede der Gruppen etwas hineintragen können, was sprechen darf: ‹Nicht ich, sondern der Christus in mir›, und das, was der ‹Christus in mir› ist, das bewirkt keine Gruppierungen, das bewirkt, daß die Glorie des Menschennamens über die ganze Erde hin sich wirklich ausbreiten kann.»

Pietro Archiati
Im Verlag am Goetheanum

DIE WELTRELIGIONEN
Wege des Menschen zu sich selbst
1997, 277 S., geb.
ISBN 3-7235-0956-8